中央民族大学青年学者文库
China Minzhu University Young Scholars' Series

◎高 飞／著

盐芥应答非生物胁迫的蛋白质组学分析

Proteomic Analysis of Abiotic Stress Response in *Thellungiella Halophila*

中央民族大学出版社
China Minzu University Press

图书在版编目（CIP）数据

盐芥应答非生物胁迫的蛋白质组学分析/高飞著. —北京：中央民族大学出版社，2018.5 重印

ISBN 978-7-5660-0582-3

Ⅰ. ①盐… Ⅱ. ①高… Ⅲ. ①十字花科—抗性—蛋白质—化学分析 Ⅳ. ①Q949.72

中国版本图书馆 CIP 数据核字（2013）第 284843 号

盐芥应答非生物胁迫的蛋白质组学分析

著　　者　高　飞

责任编辑　满福玺

封面设计　布拉格

出 版 者　中央民族大学出版社

北京市海淀区中关村南大街 27 号　邮编：100081

电话：68472815（发行部）　传真：68932751（发行部）

68932218（总编室）　68932447（办公室）

发 行 者　全国各地新华书店

印 刷 厂　北京建宏印刷有限公司

开　　本　880×1230（毫米）　1/32　印张：6

字　　数　150 千字

版　　次　2018 年 5 月第 2 次印刷

书　　号　ISBN 978-7-5660-0582-3

定　　价　25.00 元

总　序

中央民族大学是我们党为解决民族问题、培养少数民族干部和高级专门人才而创办的高等学府。建校六十多年来，中央民族大学认真贯彻党的教育方针和民族政策，坚持社会主义办学方向，坚持为少数民族和民族地区发展服务的办学宗旨，培养了成千上万的优秀人才，取得了许多具有开创性意义的科研成果，创建和发展了一批民族类的重点学科，走出了一条民族高等教育又好又快发展的成功之路。

今天，荟萃了56个民族英才的中央民族大学，学科门类齐全、民族学科特色突出，跻身于国家“211工程”和“985工程”重点建设大学的行列。中央民族大学已经成为我国民族工作的人才摇篮，民族问题研究的学术重镇，民族理论政策的创新基地，民族文化保护和传承的重要阵地。

教师是学校的核心和灵魂。办好中央民族大学，关键是要有一支高素质的教师队伍。为建设一支能够为实现几代民大人孜孜以求的建成国际知名的、高水平的研究型大学提供坚实支撑的教师队伍，2012年4月，学校做出决定，从“985工程”队伍建设专项经费中拨出专款，设立“中央民族大学青年学者文库”基金，持续、择优支持新近来校工作的博士、博士后出站人员以及新近取得博士学位或博士后出站资格的在职教职工出版高水平的博士学位论文和博士后出站报告。希望通过实施这一学术成果出版支持计划，不断打造学术精品，促进学术探究，助推中央民族大学年轻教师成长，形成长江后浪推前浪、一代更比一代强的教师队伍蓬勃壮大的良好局面。

青年教师正值学术的少年期。诚如梁启超先生脍炙人口的名言所祈愿：少年智则国智，少年富则国富，少年强则国强，少年独立则国独立，少年自由则国自由，少年进步则国进步，少年胜于欧洲，则国胜于欧洲，少年雄于地球，则国雄于地球。希望在各方面的共同努力下，在广大青年教师的积极参与下，《中央民族大学青年学者文库》能够展示出我校年青教师的学术实力，坚定青年教师的学术自信，激发青年教师的学术热忱，激励广大青年教师向更高远的学术目标攀登。唯有青年教师自强不息，中央民族大学的事业才能蒸蒸日上！

中央民族大学青年教师学术著作出版
编审委员会
2013 年 6 月 19 日

前　言

高盐、低温等非生物胁迫是全球农业减产的重要因素。据统计，非生物胁迫因素每年造成的减产占全球主要农作物产量损失的50%，是影响未来全球农业可持续发展的重要因素之一。研究植物应答高盐、低温等非生物胁迫的分子机理，并通过遗传工程方法改造农作物，具有重大意义。

盐芥具有较强的耐盐、耐低温逆境能力，与拟南芥、油菜的基因同源性高，是植物抗非生物逆境研究的理想模式植物。国内外已对盐芥进行了一些生理生化和转录组学研究，增进了对盐芥抗逆机理的认识。但是由于基因表达与蛋白表达并不完全一致，基因表达模式研究不能替代蛋白质表达水平的研究。在本书中，作者主要应用比较蛋白质组学技术研究了盐芥对于高盐、干旱和低温等非生物胁迫的应答规律，鉴定了一批逆境响应蛋白，揭示了盐芥适应非生物胁迫而进行的代谢调整策略，为进一步深入研究盐芥的耐逆分子机制奠定了基础，对国内外从事植物耐逆研究的同行具有一定的参考价值。

本书的主要内容来自作者2005—2008年在北京师范大学生命科学学院攻读博士学位期间的科研工作。在此对张根发教授致以诚挚的感谢！对所有支持和配合我从事科研工作的老师和同学表示衷心的感谢！对我的妻子和父母表示感谢！

作者的研究工作曾获得国家重点基础研究发展规划项目：作物应答高盐、低温胁迫的分子调控机理（项目编号：

2006CB100100）的资助，在此表示衷心的感谢！

衷心感谢国家自然科学基金项目（项目编号：31070361）和教育部科学技术研究重点项目（项目编号：210266）对我在盐芥耐逆机理研究方面的支持。

本书的出版获得了中央民族大学“青年教师发展计划”的资助，在此表示衷心的感谢！

高 飞

2013年10月于北京

目　录

第一章 绪 论

1.1 植物应答非生物逆境的蛋白质组学研究

1.1.1 植物蛋白质组学研究的意义

高盐、低温、干旱等非生物逆境能对植物，特别是农作物的生长、发育和结实造成严重的不良影响，是全球农业减产的最重要因素。据估计，非生物胁迫每年造成的世界主要农作物产量减少占全部产量损失的50%①，而病虫害等生物胁迫造成的农作物产量损失占不到20%。

寻找和鉴定植物抗逆关键基因，阐述植物抗非生物逆境的分子机理，进而应用植物基因工程方法改造农作物，提高主要作物对非生物逆境的耐受能力，从而保持全球粮食的稳定供应，维持未来农业的可持续发展，是植物生命科学研究面临的重要挑战之一。

---

① Kreps, J. A., Wu, Y., Chang, H. S., et al., Transcriptome changes for Arabidopsis in response to salt, osmotic, and cold stress. Plant Physiol. 2002, 130: 2129-2141.

目前，在抗逆基因的寻找和鉴定方面已经进行了大量的研究工作，并得到了一大批抗逆相关基因①。目前研究人员使用的主要方法包括：基因阵列/芯片、基因表达连续分析（Serial Analysis of Gene Expression，SAGE）、扩增片段长度多型性（Amplified Fragment Length Polymorphism，AFLP）和大规模平行信号测序（Massively Parallel Signature Sequencing，MPSS）等。但是，这些基于mRNA数量的检测方法并不能完全揭示特定基因的表达情况，因为几乎所有基因都要通过将遗传信息传递到蛋白质来实现其功能。虽然mRNA的数量与蛋白质的丰度之间存在紧密联系，但是通过进行科学实验研究，研究人员越来越清晰地认识到，mRNA的数量并不总能反映相应蛋白质的表达量。如Yan等发现44个水稻低温响应蛋白的数量与其mRNA数量没有相关性②。这种mRNA数量与对应蛋白质表达量的不一致可能与以下因素有关。

（1）同一个基因的mRNA可能翻译出多个多肽/蛋白质。同一个mRNA的可能蛋白产物包括：折叠不正确的蛋白质，被降解的部分蛋白质，经过不同种类翻译后修饰的蛋白质，翻译后修饰程度不同的蛋白质等。

（2）同一个基因的mRNA及其蛋白质的降解速率不同；同一个基因的mRNA数量应该与其蛋白质的生成速率正相关，但

---

① Seki, M., Narusaka, M., Abe, H., et al., Monitoring the Expression Pattern of 1300 Arabidopsis genes under drought and cold stresses by using a full-length cDNA microarray. Plant Cell. 2001, 13: 61-72. Seki, M., Narusaka, M., Ishida, J., et al., Monitoring the expression profiles of 7000 Arabidopsis genes under drought, cold and high-salinity stresses using a full-length cDNA microarray. Plant J. 2002, 31: 279-292.

② Yan, S., Zhang, Q., Tang, Z., et al., Comparative proteomic analysis provides new insights into chilling stress responses in rice. Mol. Cell. Proteomics 2006, 5: 484-496.

由于它们的降解速率可能不同，因而导致 mRNA 数量不能体现蛋白质数量。

(3) 蛋白质具有复杂的亚细胞定位机制。在真核生物中，mRNA 一般位于细胞质中；而由某一 mRNA 翻译得到的蛋白质可以分布在细胞质、细胞膜、细胞核、叶绿体、线粒体等细胞器或亚细胞结构中，甚至存在于多个亚结构中；而且在特定条件下，蛋白质还会发生细胞内转运，改变其亚细胞定位。

(4) 蛋白质的数量和活性受到广泛的环境影响。这些影响可能是溶质环境的物理化学因素，如 pH 值，渗透势等，也可能是各种特定的分子间相互作用，包括蛋白质与相关酶、受体、活性抑制剂等，这些分子包括蛋白质、糖类、脂类等。

单纯研究细胞内 mRNA 的数量，远不能提供基因的终产物——蛋白质的数量、活性和定位信息，更不能反映蛋白质在细胞内的空间动态分布。这种对蛋白质的时间、空间、数量、活性等的研究需求推动了十几年来（从 1994 年蛋白质组概念被提出开始）蛋白质组学的快速发展。

1.1.2 植物应答非生物逆境的蛋白质组学研究进展

植物应答非生物逆境的蛋白质组学研究的具体内容包括应用蛋白质组学手段分析干旱、高盐、高温和低温、强光以及杀虫剂、重金属等有毒物质对于植物的影响。这些研究不仅鉴定了新的基因，确定了这些基因的功能和调控模式，还揭示了广泛的细胞生理过程与植物非生物逆境胁迫应答有关。这些蛋白质组学研究主要针对植物组织的全部可溶性蛋白进行，但也有少数工作针对特定的亚细胞结构中的蛋白质进行，如叶绿体和线粒体蛋白质组。蛋白质组学研究发现非生物逆境不仅能够引起植物蛋白表达丰度的变化，还能影响蛋白质的翻译后修饰，以及蛋白质的亚细胞定位。研究发现，不同非生物胁迫能对植物蛋白质组产生一些共同的影响，如都能诱导热激蛋白类分子的表达增强、促进抗氧化系统的活性上升以及 RuBisCO（核酮糖-1，5-二磷酸羧化酶/加氧酶，Ribulose bisphosphate carboxylase oxygenase）亚基蛋白的降解。结合代谢组学和遗传学进行的蛋白质组学研究将有助于对于植物耐受非生物逆境的耐受机制的进一步了解，同时，将蛋白质组学研究与生理和农学性状结合起来，可以鉴定更多的具有作物遗传改良潜力的基因。

蛋白质组学是近十几年来刚刚成熟并完善起来的分子生物学技术，但实际上，早在 20 世纪 80 年代后期，植物响应非生物逆境的蛋白质组学研究就已经开始。尽管在当时，对于植物基因组中绝大多数蛋白的具体功能一无所知，一些早期的蛋白质组学研究已经发现非生物逆境能诱导新蛋白的合成①、非生物逆境引起植物不同膜组分的变化②、非生物逆境对于植物蛋白质组的影响因植物遗传背景的不同而有差异③。

蛋白测序技术的诞生使得受非生物逆境影响的具体蛋白名单开始见诸报道。Costa 等利用蛋白测序技术鉴定了海岸松（maritime pine）干旱胁迫下针叶中 10 个差异表达蛋白的身份④，其中包括丰度上调的咖啡酰辅酶 A 甲基转移酶、低分子量热激蛋白、铜锌超氧化物歧化酶（Cu/Zn SOD）、谷胱甘肽过氧化物

---

① Hurkman, W. J. , Tanaka, C. K. , The effect of salt on the pattern of protein synthesis in barley roots. Plant Physiol. 1987, 83: 517-524.

② Hurkman, W. J. , Tanaka, C. K. , Dupont F. M. , The effects of salt stress on polypeptides in membrane fractions from barley roots. Plant Physiol. 1988, 88: 1263-1273.

③ Zivy, M, Genetic variability for heat shock proteins in common wheat. Theor. Appl. Genet. 1987, 74: 209-213.

④ Costa, P. , Bahrman, N. , Frigerio, J. M. , et al. , Water-deficit-responsive proteins in maritime pine. Plant Mol. Biol. 1998, 38: 587-596.

酶（GPX）、核酮糖－1，5－二磷酸羧化酶/加氧酶大亚基（Rubisco LSU）和下调的肌动蛋白（Actin）和 Rubisco 激活酶（Rubisco activase），这些蛋白与光合作用、细胞体积增大、自由基清除和木质化有关。Riccardi 等使用 Edman 降解法鉴定了玉米叶片在干旱胁迫下的差异表达蛋白①。

生物质谱技术（Mass Spectrometry，MS）的发展促使蛋白质组学技术开始走向成熟。Chang 等第一个利用生物质谱技术研究非生物逆境对于植物蛋白质组的影响②。他们研究了缺氧对于玉米根尖的影响，利用基质辅助激光解析飞行时间质谱（Matrix Assisted Laser Desorption/Ionization Time-of-flight Mass Spectrometry，MALDI-TOF-MS）这一高通量的质谱技术鉴定了差异表达蛋白，发现除了当时已知的糖酵解酶被诱导以外的其他一些生理机制也参与了这一胁迫耐受过程。

目前进行的蛋白质组学研究，除了广泛的应用现代生物质谱技术以外，在实验设计方面也日益复杂和完善。选取胁迫后不同的时间窗口取样，以更好地了解植物对胁迫反应的变化趋势；研究同一种胁迫的不同剂量对于植物蛋白质组的不同影响；观察植物不同发育阶段、不同组织和器官蛋白质组对于胁迫的不同反应；分析不同亚细胞结构（细胞膜、质外体等）/细胞器（叶绿体、线粒体、过氧化物酶体等）对于胁迫的反应。最值得注意的是，在动物细胞研究中使用较多的定量蛋白质组学手段已经开

① Riccardi, F., Gazeau, P., de Vienne, D., et al., Protein changes in response to progressive water deficit in maize. Quantitative variation and polypeptide identification. Plant Physiol. 1998, 117: 1253-1263.

② Chang, W. W., Huang, L., Shen, M., et al., Patterns of protein synthesis and tolerance of anoxia in root tips of maize seedlings acclimated to a low-oxygen environment, and identification of proteins by mass spectrometry. Plant Physiol. 2000, 122: 295-318.

始在植物抗逆研究中越来越多地应用，这种技术能够为植物响应非生物逆境的蛋白质组变化描绘出更为清晰的时间、空间表达模式图。

已进行的植物蛋白质组学研究还分析了非生物逆境对于蛋白质翻译后修饰的影响。这些翻译后修饰不仅包括蛋白质的磷酸化、糖基化等氨基酸修饰，还包括蛋白质的降解，以及蛋白质的细胞内转运和定位。

不同的非生物胁迫能对植物产生类似的影响。干旱胁迫和高盐胁迫都能降低渗透势，而冷害也能影响细胞的水分情况。以上几种胁迫都能通过影响脱落酸（Abscisic Acid，ABA）进而启动ABA 信号通路的下游基因。蛋白质组学研究也证实了以上的观点。但是，由于各个蛋白质组学研究采用的胁迫条件（胁迫强度和持续时间等）、植物材料（组织和发育阶段等）方面的不同，不同研究工作得到的结果很难做比较，所以很难将所有已进行的蛋白质组学研究统一起来进行总结，只能逐个作以下讨论。

1.1.2.1　应答高盐胁迫的蛋白质组学研究

高盐胁迫与干旱胁迫都能引起渗透胁迫，但是高盐胁迫还能引起离子胁迫。根系是植物耐受高盐胁迫的第一道防线，一些离子泵能够将植物体内的过多钠离子排出。对于地上部分细胞内积累的钠离子，植物可以将其储存在液泡内。

作为全球最重要的农作物，水稻是植物逆境研究最常用的材料之一。在应用蛋白质组技术研究植物盐耐受机理方面，半数以上的工作都是以水稻为材料进行的，其他一些工作则使用了拟南芥、烟草、豌豆和盐藻等植物材料。

Parker 等研究了低强度的盐胁迫（50 mM）对于水稻叶片蛋

白质组的短期（1 天）和长期（7 天）影响①。短期胁迫响应蛋白有 9 个，长期胁迫响应蛋白为 31 个。实验结果显示：叶绿体磷酸甘油激酶只对短期胁迫有响应；RuBisCO 激活酶（RuBisCO activase）、转铁蛋白和 ATP 合酶（ATP synthase）对短期和长期胁迫有响应；超氧化物歧化酶（SOD）和另一个转铁蛋白被长期胁迫上调，同时胆色素原脱氨酶（porphobilinogen deaminase）、真核细胞翻译起始因子 5A（eIF5A）和腺苷甲硫氨酸合成酶表达下降。

对生长 18 天的水稻（*Oryza sativa* L. cv. Nipponbare）在 130 mM NaCl 处理 4 天后的第 3 叶片进行了双向电泳分析②，发现 55 个蛋白点发生了明显的表达量变化，其中 47 个点表达量增加（至少有 10%的变化）。质谱鉴定了 33 个蛋白点（代表 25 种蛋白质），其中，27 个表达丰度增加，5 个下降。这些蛋白质大都与有机体的主要代谢过程（如光合成和光呼吸）有关。

Yan 等研究了 3 周龄水稻（*Oryza sativa* L. cv. Nipponbare）苗在 150 mM NaCl 处理后第 1、第 2、第 3 天后的根蛋白变化情况③，发现 54 个蛋白点发生了表达量的明显变化，其中 34 个点丰度增加。进一步的质谱分析鉴定了 12 个蛋白点，它们分别代表 10 种蛋白质，其中有 6 种首次被证明属于逆境反应蛋白，它们分别是：UDP-葡萄糖焦磷酸化酶（UDP-glucose pyrophospho-

---

① Parker, R., Flowers, T. J., Moore, A. L., et al., An accurate and reproducible method for proteome profiling of the effects of salt stress in the rice leaf lamina. J. Exp. Bot. 2006, 57: 1109-1118.

② Kim D-W, Rakwal R., Agrawal G. K., et al., A hydroponic rice seedling culture model system for investigating proteome of salt stress in rice leaf. Electrophoresis 2005, 26, 4521-4539.

③ Yan, S., Tang, Z., Su, W., et al., Proteomic analysis of salt stress-responsive proteins in rice roots. Proteomics 2005, 5, 235-244.

rylase），细胞色素 C 氧化酶 6b-1 亚基（cytochrome c oxidase subunit 6b-1），谷氨酰胺合成酶根同工酶（glutamine synthetase root isozyme），推定的与初生多肽相关的复合蛋白 a 链（a-NAC），推定的类剪切因子蛋白和推定的肌动蛋白结合蛋白（ABP）。推测这些蛋白所参与的糖、营养与能量代谢、活性氧的清除、mRNA 剪切、蛋白质翻译及定位、细胞骨架的稳定性等生理过程参与水稻盐胁迫响应。

Salekdeh 等比较了中等耐盐水稻品系 Pokkali 和盐敏感水稻品系 IR29 在 7 天 100 mM NaCl 处理后的根蛋白质变化情况，发现一些可能与 Pokkali 的盐耐受能力提高相关的蛋白①。Pokkali 在盐诱导后，咖啡酰 CoA－O－甲基转移酶（Caffeoyl－CoA O－methytransferase，CCoAOMT）数量明显增加，而在 IR29 中，该蛋白诱导前后无明显差异；抗坏血酸过氧化物酶在 Pokkali 中的本底含量明显高于 IR29；ASR1 在盐诱导的 Pokkali 和 IR29 中表达量均升高，但是在 Pokkali 中的上升幅度明显高于在 IR29 中。

Abbasi 和 Komatsu 研究了两周龄水稻苗对不同剂量和处理时间盐胁迫的反应②，处理剂量为 50、100 和 150mM NaCl，处理时间为 6 小时、24 小时和 48 小时，发现 54 个蛋白点发生数量变化，其中 8 个有 1 倍以上的变化。这 8 个蛋白点在 24 小时 50 mM NaCl 处理下表达量最大。研究了不同盐耐受能力水稻对于盐胁迫的反应（抗盐品系 Pokkali；盐敏感品系：IR36 和 Nipponbare），发现在 50 mM NaCl 处理 24 小时后，不同盐耐受能力水稻的蛋白质表达情况差别不大，没有明显的新蛋白出现或者原有

---

① Salekdeh, G. H., Siopongco, J., Wade, L. J., et al., A proteomic approach to analyzing drought- and salt- responsiveness in rice. Field Crops Res., 2002, 76: 199-219.

② Abbasi, F. M., Komatsu, S., A proteomic approach to analyze salt-responsive proteins in rice leaf sheath. Proteomics 2004, 4: 2072-2081.

蛋白点消失。结合 Salekdeh 等的工作，该研究推测，不同盐耐受能力水稻对于短期盐胁迫的反应是类似的，但是对于长期的盐胁迫的反应是不同的。该研究还认为，除了增加表达量，胁迫反应蛋白的持续表达也是增强植物非生物胁迫抗性的途径之一。

Ndimba 等用同位素标记方法和荧光差异蛋白表达分析系统（Differential Gel Electrophoresis，DIGE）对拟南芥悬浮细胞进行了研究①。发现 100 mM NaCl 处理造成了细胞中快速而短暂的蛋白合成抑制。DIGE 分析发现 266 个有明显变化的（不小于 10%的变化）蛋白点，进一步质谱分析确定了其中的 75 个蛋白点的身份。在 266 个盐反应蛋白点中，76 个蛋白点变化可由山梨醇处理引起变化，而且山梨醇处理引起的所有差异表达蛋白点都包含在这 266 个盐反应蛋白点中，这符合渗透胁迫是盐胁迫引起的二级胁迫的观点。

质外体（apoplast）在植物信号转导和防御机制中起着重要的作用，各种非生物胁迫都可能影响质外体的蛋白构成。Dani 等研究了成熟烟草质外体对于 100mM NaCl 处理（持续 20 天）的反应②，发现 20 个蛋白点发生变化，其中 4 个蛋白点数量增加；3 个蛋白点是在盐诱导下新出现的，分别为两个脂转运蛋白和一个未知蛋白。

Kav 等研究了豌豆（*Pisum sativum* cv. Cutlass）根蛋白质组

---

① Ndimba, B. K., Chivasa, S., Simon, W. J., et al., Identification of Arabidopsis salt and osmotic stress responsive proteins using two-dimensional difference gel electrophoresis and mass spectrometry. Proteomics 2005, 5: 4185-4196.

② Dani, V., Simon, W. J., Duranti, M., et al., Changes in the tobacco leaf apoplast proteome in response to salt stress. Proteomics 2005, 5: 737-745.

对于盐胁迫的反应[①]。采用了两种盐处理方法：（1）长期胁迫：对盆栽的2周龄豌豆连续用一定浓度的盐溶液浇灌，持续6周；（2）短期胁迫：将豌豆种子接种到不同盐浓度的培养基上，避光生长7天。质谱鉴定了双向电泳图谱上丰度具有显著差异的35个蛋白点，这些蛋白包括抗病蛋白PR10、抗氧化酶如超氧化物歧化酶（SOD）、二磷酸核苷激酶（NDPK）等。该研究首次提出豌豆的耐盐性与PR10有关。

Liska等研究了盐藻（*Dunaliella salina*）对0.5M和3M NaCl处理的反应[②]。发现了76个蛋白点有明显的变化，质谱鉴定了其中61个蛋白点，45种蛋白，这些蛋白分别属于卡尔文循环成员、淀粉动员成员、自由基清除系统成员、蛋白合成和降解的调节因子，以及一个Na离子通道蛋白。

Lee等研究了拟南芥（*Arabidopsis thaliana*）根微粒体蛋白质组对于瞬时（2小时）高盐（250 mM）胁迫的反应[③]，鉴定了一个在根微粒体中受高盐特异上调的膜联蛋白（annexin）。胞浆中的该膜联蛋白不被高盐胁迫上调。进一步进行的体外实验表明，高盐胁迫通过钙离子诱导微粒体膜联蛋白的表达。研究还发现，该蛋白的基因AnnAt1不被高盐诱导上调。这一研究证明了蛋白质组学方法在植物非生物逆境研究中能补充核酸水平分析的不足，具有不可或缺的优势。

---

① KAV, N. N. V., SRIVASTAVA, S., GOONEWARDENE, L., et al., Proteome - level changes in the roots of Pisum sativum in response to salinity. Ann. appl. Biol. 2004, 145: 217-230.

② Liska, A. J., Shevchenko, A., Pick, U., et al., Enhanced photosynthesis and redox energy production contribute to salinity tolerance in Dunaliella as revealed by homology-based proteomics. Plant Physiol. 2004, 136: 2806-2817.

③ Lee, S., Lee, E. J., Yang, E. J., et al., Proteomic identification of annexins, calcium-dependent membrane binding proteins that mediate osmotic stress and abscisic acid signal transduction in Arabidopsis. Plant Cell 2004, 16: 1378-1391.

1.1.2.2 应答低温胁迫的蛋白质组学研究

低温是植物生长和发育的重要限制因素。植物对低温的适应与植物体内的一些代谢途径的调节有关，这些代谢过程主要包括碳代谢/光合作用和细胞膜脂类的调整。植物响应低温胁迫的蛋白质组学研究不仅研究植物的主要光合作用部分——叶片，也重点研究了叶绿体和细胞膜对于低温胁迫的反应。

与盐胁迫研究类似，水稻仍然是研究最多的材料，其次是拟南芥和豌豆、杨树。

Cui 等①将两周龄水稻（*Oryza sativa*）在15℃、10℃和5℃生长，60个叶片蛋白表达升高，质谱鉴定的41个蛋白中，除2个功能不明外，包括4个蛋白合成因子，4个分子伴侣，2个蛋白酶，8个与细胞壁成分合成有关的酶，7个抗氧化/解毒酶，以及其他与能量代谢、信号传递相关的蛋白质。这提示植物抗低温的能力与蛋白合成、分子伴侣以及细胞壁某些成分有关系。43.9%的上调蛋白都定位于叶绿体，提示植物在冷胁迫下，光合作用功能的调节非常重要。

两周龄水稻（*Oryza sativa* L. cv. Nipponbare）在6℃处理6小时和24小时，叶片中有65个蛋白点上调，31个蛋白点下调。在质谱鉴定的85个蛋白点中，有已知的低温响应蛋白，也有新的低温响应蛋白。部分蛋白降解加速，特别是二磷酸核酮糖羧化酶/加氧酶（Rubisco）大亚基蛋白。其他差异表达蛋白分别与信号传导、RNA加工、蛋白翻译、蛋白加工、抗氧化、光呼吸、碳、氮、硫和能量代谢有关。

水稻在生殖生长期间特别容易受到低温的伤害。小孢子发生

---

① Cui, S., Huang, F., Wang, J., et al., A proteomic analysis of cold stress responses in rice seedlings. Proteomics 2005, 5: 3162-3172.

期水稻（*Oryza sativa* Linnaeus）三核期花药在 12℃处理 4 天[①]，有 70 个花药蛋白发生 2 倍以上数量变化，其中 47 个数量增加，11 个减少，新出现 12 个蛋白点。质谱鉴定了 18 个低温响应蛋白点，发现 7 个蛋白都是降解产物。这提示低温胁迫能够造成三核期花药部分蛋白的降解。

用蛋白质组学方法比较了低温敏感水稻品系 Doongara 和抗低温水稻品系 HSC55 小孢子发生期花药蛋白在低温胁迫下（12℃，处理 1 天、2 天和 4 天）的变化差异[②]，与 HSC55 相比，Doongara 花药中有 37 个蛋白点出现超过两倍的变化，1 个为新出现的蛋白，32 个上调，4 个下调。

Amme 等使用 DIGE 方法分析了拟南芥在 6℃和 10℃低温胁迫一周以及再恢复一周的叶片蛋白质组变化情况[③]。研究表明胁迫后恢复正常条件生长一周，多数胁迫响应蛋白的量都接近恢复到正常水平。研究鉴定了 14 个低温胁迫诱导蛋白，这些蛋白包括 RNA 结合蛋白、甘氨酸丰富蛋白（glycine-rich protein）、脱水素 ERD10、低温诱导蛋白 78。

低温胁迫直接影响植物的光合器官。Goulas 等研究了低温（5℃）对于叶绿体基质和类囊体蛋白质组对于短期（1 天）、长

---

① Imin, N., Kerim, K., Rolfe, B. G., et al., Effect of early cold stress on the maturation of rice anthers. Proteomics 2004, 4, 1873-1882.

② Imin, N., Kerim, T., Weinman, J. J., et al., Low Temperature Treatment at the Young Microspore Stage Induces Protein Changes in Rice Anthers. Mol. Cell. Proteomics 2006, 5: 274-292.

③ Amme, S., Matros, A., Schlesier, B., et al., Proteome analysis of cold stress response in Arabidopsis thaliana using DIGE-technology. J. Exp. Bot. 2006, 57: 1537-1546.

期（10天和40天）的反应①。研究发现，短期低温对于叶绿体基质和类囊体蛋白质组的影响不大；长期低温胁迫使得10%的叶绿体基质和类囊体蛋白质发生量的变化。

细胞膜是细胞感受环境信号的主要部位，Kawamuria 和 Uemura 研究了拟南芥细胞膜蛋白质组在低温处理下的变化②。20日龄的拟南芥在2℃处理1天、2天和7天，38个数量发生变化的蛋白被进一步质谱鉴定。这些鉴定的差异表达蛋白主要包括：通过膜融合进行膜修复的相关蛋白、保护细胞膜免受渗透胁迫损伤的蛋白、增强 CO_2 固定功能的蛋白，以及部分蛋白水解酶。

三周龄拟南芥在4℃处理6小时后③，提取细胞核进行双向电泳，在经过质谱鉴定的184个蛋白点中，有54个发生了2倍以上的数量变化，其中40个增加，14个减少。这些蛋白中包括：热激蛋白 HSP70/90、转录因子 AtMYB2 和 OBF4、DNA 结合蛋白 DRT102 和 Dr1、部分催化酶（磷酸甘油酸激酶，丝氨酸乙酰基转移酶，3-磷酸甘油醛脱氢酶）、突触融合蛋白、钙调蛋白、类萌芽素蛋白等。

对10日龄豌豆苗进行冷胁迫（4℃，36小时）、干旱胁迫以及除草剂处理④，其线粒体内有29个蛋白点发生变化（指数量

---

① Goula, s E., Schubert, M., Kieselbach, T., et al., The chloroplast lumen and stromal proteomes of Arabidopsis thaliana show differential sensitivity to short- and long-term exposure to low temperature. Plant J. 2006, 47: 720-734.

② Kawamura, Y., Uemura, M., Mass spectrometric approach for identifying putative plasma membrane proteins of Arabidopsis leaves associated with cold acclimation, Plant J. 2003, 36 (2): 141-154.

③ Bae, M. S., Cho, E. J., Choi, E. Y., et al., Analysis of the Arabidopsis nuclear proteome and its response to cold stress. Plant J. 2003, 36: 652-663.

④ Taylor, N. L., Heazlewood, J. L., Day, D. A., et al., Differential impact of environmental stresses on the pea mitochondrial proteome. Mol. Cell. Proteomics 2005, 4: 1122-1133.

变化3倍以上或者新出现的蛋白点），其中6个蛋白数量增加，5个蛋白数量下降，另外18个数量增加的蛋白是其他蛋白的降解片段。这些蛋白包括：（1）甘氨酸脱羧酶（GDC）和丝氨酸羟甲基转移酶（SHMT）；（2）三羧酸循环相关蛋白；（3）氧化磷酸化复合物相关蛋白；（4）热激蛋白，HSP90/70/22；（5）其他蛋白，包括分子伴侣10，NDPK3，MPP。

Renaut等①研究了冷胁迫（4℃，14天）对于3月龄杨树（*Populus tremula* L. ×*P. tremuloides* Michaux）的影响。发现大量蛋白表达增加，少量蛋白降低。质谱鉴定了30个蛋白，在上调和新出现的蛋白质中，1/3属于分子伴侣类蛋白（包括热激蛋白、分子伴侣），其他为脱水素等晚期胚胎发生丰富蛋白、胁迫响应蛋白、解毒酶、逆境信号途径相关蛋白；数量减少的蛋白主要与细胞壁和能量产生相关。

1.1.2.3 应答干旱胁迫的蛋白质组学研究

水分是植物生长和发育的限制因子之一。干旱胁迫下的植物产生多种多样的性状，与所处的发育阶段以及实验选取的组织器官有关。干旱胁迫产生的性状包括：气孔关闭，光合作用减弱，新叶和幼茎生长减缓，根持续延伸，老叶加速衰亡。碳代谢紊乱，伴随水分吸收进行的元素代谢异常。在细胞水平出现的生理反应包括：渗透调整，水分循环调整，维持蛋白正常构象的分子出现或蛋白降解加速，自由基清除系统活性增强等。这些反应中的一部分是由ABA介导的。

近年来，研究人员对水稻、甜菜、豌豆等植物进行了系统的抗旱蛋白质组学研究。这些研究鉴定了一些干旱胁迫响应基因，

① Renaut, J., Lutts, S., Hoffmann, L., et al., Responses of poplar to chilling temperatures: proteomic and physiological aspects. Plant boil. (Stuttg) 2004, 6 (1): 81-90.

揭示了植物干旱反应涉及多个代谢通路。一些工作研究了具有不同耐旱能力的生态型，鉴定了这些植物中与耐旱能力有关的蛋白质。

Rey 等进行的蛋白质组学研究发现了马铃薯叶绿体中一个干旱诱导蛋白 CDSP32①，该基因编码一个新的硫氧还蛋白（thioredoxin）。

Costa 等研究了两年生海岸松（maritime pine）针叶蛋白质组对于长达几个月的严重和中度干旱胁迫的反应，分离到了 38 个干旱响应蛋白。其中包括两个下调蛋白：肌动蛋白（actin）和 RuBisCO 激活酶（RuBisCO activase），5 个上调蛋白：GPX 异构体（2 个），咖啡酰辅酶 A-O-甲基转移酶，一个低分子量热激蛋白（HSP），以及一个 Cu/Zn SOD。该研究鉴定了 3 个 RuBisCO 大亚基的降解片断，提出海岸松在干旱胁迫下会发生 RuBisCO 复合物的降解。

Salekdeh 等②研究两个 3 周龄水稻（*Oryza sativa* L. cv CT9993 和 cv IR62266）在干旱胁迫下（23 天不浇水）的叶片蛋白质组变化情况，发现有 42 个蛋白点的丰度发生明显变化。恢复浇水 10 天后，所有蛋白的丰度与对照组的相同或接近。质谱鉴定了 16 个与干旱胁迫相关的蛋白质，其中包括丰度上调的肌动蛋白解聚因子（ADF）、真核细胞翻译延伸因子 EF-Tu、1，5-二磷酸核酮糖羧化酶活化酶基因异构体、叶绿体果糖 1，6-二磷酸醛缩酶、叶绿体 RNA 结合蛋白、胞浆丙醣磷酸异构酶、谷胱甘肽去氢抗坏血酸还原酶、核苷二磷酸激酶、胞浆 Cu-Zn 超氧化物

① Rey, P., Cuine, S., Eymery, F., et al., Analysis of the proteins targeted by CDSP32, a plastidic thioredoxin participating in oxidative stress responses. Plant J. 2005, 41: 31-42.

② Salekdeh, G. H., Joel Siopongco, Leonard J. Wade, et al., Proteomic analysis of rice leaves during droughtstress and recovery. Proteomics 2002, 2: 1131-1145.

歧化酶、S-核酸酶（S-like RNase）类似物，下调的有异黄酮还原酶类似蛋白、叶绿体铁硫蛋白异构体。值得注意的是，叶绿体Cu-Zn超氧化物歧化酶在两个水稻品种中显示出截然不同的变化趋势，一个上调，一个减少；而胞浆Cu-Zn超氧化物歧化酶在这两个水稻品种中变化趋势相同。

种植在大田里的甜菜（*Beta vulgaris* L.）响应干旱胁迫的叶片蛋白质组学分析①表明，79个蛋白点发生了明显的数量变化，其中27个上调，44个下调。质谱鉴定了其中11个蛋白点，分别为：4个Rubisco大亚基片段、4个抗氧化酶和蛋白（胞浆Cu-Zn超氧化物歧化酶；1-Cys Prx，一种核编码的叶绿体蛋白，其作用是减少氧化作用对叶绿体的损伤；两个亲环蛋白（cyclophilin）或肽脯氨酰异构酶（PPIase）、分子伴侣类（两个HSPs和a-NAC）和NDPK。结果提示干旱胁迫促进了光合作用相关蛋白的降解，也说明了蛋白质的稳定性和再折叠在逆境耐受中起重要的作用。

两周龄水稻幼苗在干旱条件下生长2—6天，10个蛋白质丰度升高，2个降低。这些蛋白质分别与植物防御、能量和物质代谢、细胞结构和信号传导有关②。进一步研究发现，肌动蛋白解聚因子是重要的干旱胁迫响应蛋白。

Vincent等③研究了8天和16天干旱和高盐胁迫对于两个抗逆性能不同的葡萄品种茎尖蛋白质组的影响。研究发现，15%的

---

① Hajheidari, M., Abdollahian-Noghabi, M., Askari, H., et al., Proteome analysis of sugar beet leaves under drought stress. Proteomics 2005, 5: 950-960.

② Ghulam Muhammad Ali and Setsuko Komatsu, Proteomic analysis of rice leaf sheath during drought stress, J. Proteome Res. 2006, 5: 396-403.

③ Vincent, D., Ergül, A., Bohlman, M., et al., Proteomic analysis reveals differences between Vitis vinifera L. cv. Chardonnay and cv. Cabernet Sauvignon and their responses to water deficit and salinity. J. Exp. Bot. 2007, 58: 1873-1892.

蛋白点在胁迫后发生显著的丰度变化；大多数干旱响应蛋白同时也是高盐反应蛋白。研究结果显示，抗逆性弱的品种与抗逆性强的品种相比，在胁迫处理后，更多的胁迫相关蛋白丰度上调，如线粒体 peroxiredoxin 和病程相关蛋白（pathogenesis-related proteins），同时与蛋白质折叠和降解相关的蛋白质也被诱导上调。

Riccardi 等①分析了两种耐旱性不同的玉米及其杂交种的叶片蛋白质组在胁迫下的变化情况，以分离潜在的耐旱蛋白。得到了 78 个干旱响应蛋白，其中 23 个蛋白点丰度下调，40 个上调，10 个新出现，5 个消失。蛋白测序鉴定了其中 16 个上调蛋白，它们分别是：3 个葡糖苷酶（β-glucosidase）、一个转铁蛋白、一个推定的胞浆苹果酸脱氢酶、一个磷酸丙糖异构酶（triose phosphate isomerase）、一个 glutamate-1-semialdehyde 2，1-aminotransferase、一个 ABA 诱导的 OSR40 蛋白、一个叶绿体果糖二磷酸醛缩酶、一个半胱氨酸合成酶、一个 ABA/stress/ripening responsive protein、一个水溶性无机焦磷酸酶、一个烯醇化酶、一个磷酸核酮糖激酶、一个脱水素和一个咖啡酰辅酶 A-O-甲基转移酶（caffeate-O-methyltransferase，COMT）。

Vincent 等继续深入研究干旱对玉米叶片分生组织蛋白质组的影响，发现了几种酶共同被调节，参与木质部的形成②。这些酶包括参与形成木质素单体的咖啡酰辅酶 A-O-甲基转移酶，参与苯基丙酸类合成路径的苯丙氨酸解氨酶（phenylalanine ammonia lyase）以及参与 S-腺苷甲硫氨酸（SAM）合成的一些

---

① Riccardi，F.，Gazeau，P.，de Vienne，D.，et al.，Protein changes in response to progressive water deficit in maize. Quantitative variation and polypeptide identification. Plant Physiol. 1998，117：1253-1263.

② Vincent，D.，Lapierre，C.，Pollet，B.，et al.，Water deficits affect caffeate O-methyltransferase，lignification，and related enzymes in maize leaves. A proteomic investigation. Plant Physiol.，2005，137：949-960.

酶。研究提出，干旱胁迫能缩小木质化区域，抑制木质素形成途径的活性。这项蛋白质组学研究完美地解释了植物响应干旱胁迫的生理反应的分子机制，印证了蛋白质组学方法在植物非生物逆境研究领域具有广阔的应用前景。

两年树龄的圣栎在受到干旱胁迫后（停止浇水 7 天），叶中 14 个蛋白点有明显变化[①]，质谱鉴定了其中的 7 个，分别是 RubisCO 大亚基、RubisCO 小亚基、RubisCO 激活酶、球蛋白、高分子麦谷蛋白、果糖二磷酸醛缩酶等。

1.1.2.4　应答其他非生物胁迫的蛋白质组学研究

将番茄置于 37℃ 环境生长 1 天，进行双向电泳分析，发现有部分蛋白质表达降低，部分蛋白质表达升高，并且新出现一些蛋白质（14 个）[②]。对这些高温诱导蛋白进行 N 端氨基酸测序，表明这些蛋白质属于抗氧化酶、热激蛋白和细胞壁相关蛋白，包括放氧复合物增强子蛋白 2（oxygen-evolving enhancer-2）前体、22 kDa 的线粒体热激蛋白 HSP、转化酶类、多聚半乳糖醛酸酶、抗坏血酸过氧化物酶异构体等。

Majoul 等对灌浆期小麦进行高温处理（34℃ 生长若干天），对其胚乳的醇溶谷蛋白组分进行分析，发现 25 个受高温胁迫诱导表达的蛋白和 1 个被高温胁迫抑制表达的蛋白[③]；对胚乳的水溶性蛋白的分析确定了 24 个受高温胁迫诱导表达的蛋白和 19 个

---

① Jorge, I., Navarro, R. M., Lenz, C., et al., Variation in the holm oak leaf proteome at different plant developmental stages, between provenances and in response to drought stress. Proteomics 2006, 6, S207-S214.

② Iwahashi, Y., and Hosoda, H., effect of heat stress on tomato fruit protein expression, Electrophoresis 2000, 21 (9): 1766-1771.

③ Majou, T., Bance, Tribo, E., et al., Proteomic analysis of the effect of heat stress on hexaploid wheat grain: characterization of heat-responsive proteins from total endosperm. Proteomics 2003, 3: 175-183.

被高温胁迫抑制表达的蛋白①。

氧化胁迫对拟南芥线粒体蛋白质产生了重要的影响。用过氧化氢、甲萘醌和抗霉素 A 分别处理拟南芥悬浮细胞，发现一些线粒体蛋白降解，包括 ATP 合酶亚单位、复合物 I、琥珀酰辅酶 A 连接酶、顺乌头酸酶等；过氧化氢和甲萘醌处理引起了 25 个蛋白质 3 倍以上的变化，其中部分蛋白同时对抗霉素 A 处理有反应；氧化胁迫还诱导了 9 个新出现的线粒体蛋白质②。

另外，研究人员以拟南芥和人参为材料进行了强光胁迫的蛋白质组学研究③。

1.1.3 植物蛋白质组学领域存在的问题和对未来的展望

目前，蛋白质组学主要建立在蛋白质双向电泳和质谱分析两大技术支柱上。在双向电泳方面，样品的质量、实验的重复性是主要的问题；在质谱鉴定方面，非测序植物的蛋白鉴定仍困难重重。

---

① Majoul, T., Bance, E., Tribo, E., et al., Proteomic analysis of the effect of heat stress on hexaploid wheat grain: Characterization of heat-responsive proteins from non-prolamins fraction. Proteomics 2004, 4: 505-513.

② Sweetlove, L. J., Heazlewood, J. L., Herald, V., et al., The impact of oxidative stress on Arabidopsis mitochondria. Plant J. 2002, 32: 891-904.

③ Phee, B., Cho, J, Park, S., et al., Proteomic analysis of the response of Arabidopsis chloroplast proteins to high light stress. Proteomics 2004, 4: 3560-3568. Nam, M. H., Heo, E. J., Kim, J. Y., et al., Proteome analysis of the responses of Panax ginseng C. A. Meyer leaves to high light: Use of electrospray ionization quadrupole-time of flight mass spectrometry and expressed sequence tag data. Proteomics 2003, 3: 2351-2367.

1.1.3.1 样品的制备与纯化

样品制备是双向电泳成败的关键。但是在传统的双向电泳样品裂解液中，疏水性蛋白质（包括膜蛋白）和碱性蛋白质很难溶解。可能的解决办法是：采用有机溶剂提取蛋白样品；改进裂解液；采取分步顺序提取法；采取预分离手段；等等。另一个重要问题是样品制备的重复性问题。

1.1.3.2 双向电泳重复性和可比性

目前进行的蛋白质组学研究，多数情况下涉及两个到多个样品双向电泳图谱的比较，这就要求样品制备、双向电泳均有较高的重复性。传统的方法很难避免误差，目前荧光双向差异凝胶电泳（DIGE）是一个较好的解决此问题的办法。

1.1.3.3 非模式植物的蛋白鉴定

目前，对于已经进行全基因组测序的模式植物，如拟南芥，其蛋白鉴定比较容易；但是对于多数非测序植物，如多数木本植物，其蛋白鉴定技术主要依赖于肽指纹图谱（PMF）比对等统计学方法，可靠性和准确性难以保证。目前仍没有更好的解决此问题的办法，幸运的是，表达序列标签（Expressed Sequenced Tag，EST）数据库的飞速增长将有助于非测序植物的蛋白鉴定。

为了全面了解植物抵抗非生物胁迫的分子机制，有必要对以下几个方面进行更系统、更深入的研究：（1）加强非生物胁迫对植物亚细胞结构的影响的蛋白质组学研究，特别是叶绿体、线粒体、各种膜结构的蛋白质组学研究；（2）进行转录组学和蛋白质组学的联合和对比研究；（3）加强磷酸化蛋白质组学等翻译后修饰的蛋白质组学研究；（4）加强对特定信号传导通路的蛋白质组学研究。

1.2 植物耐受非生物逆境研究模式植物——盐芥

植物抗逆相关研究大多以模式植物拟南芥、重要作物水稻等甜土植物为研究对象，对盐生植物的耐盐机理研究较少。近年来，作为一种新的抗盐抗低温模式植物，一种盐生植物——盐芥正受到越来越多的关注①。盐芥能够耐受较高程度的高盐、低温、干旱（Yukon 生态型耐旱能力较强）胁迫。盐芥是拟南芥和油菜的近源植物，而且盐芥生活周期短，基因组较小，是科学研究的理想材料。

1.2.1 盐芥的基本生物学特征

盐芥的英文名为 *Thellungiella halophila* 或 *Thellungiella salsuginea*。中文也被称为“小盐芥”。盐芥属（*Thellungella*）是十字花科（Brassicaceae）中的一个属，只有 2—3 个种。该属是O.E. Sehulz 在 1924 年以盐芥 *T. salsugnea* 为模式种建立的。

盐芥有多个生态型，常用的有山东生态型（Shandong ecotype）和育空生态型（Yukon ecotype）。一般认为山东生态型耐受高盐和低温能力较强，而育空生态型不仅耐受高盐和低温，还具有明显的干旱耐受能力。

盐芥为一年生草本植物，茎于基部或中部分枝，光滑。基部

① Bressan, R. A., Zhang, C., Zhang, H., et al., Learning from the Arabidopsis experience. the next gene search paradigm. Plant Physiol. 2001, 127 (4): 1354-1360.

常带淡紫色。基生叶莲座状，叶片卵形或长圆形；茎生叶无柄。花序伞房状，花梗长2—4mm；萼片卵圆形，有白色膜质边缘；花瓣白色，长圆状倒卵形，顶端钝圆。长角果长12—15mm，略弯曲；果梗丝状，长4—6mm。盐芥种子两列，黄色，椭圆形。长约0.5mm，花期4—6月。生于土壤盐渍化的农田旁、水沟旁和山区。国内分布于山东、河北、江苏、新疆、内蒙古、吉林、天津和河南等地。蒙古、西伯利亚、中亚和北美也有分布。

1.2.2 盐芥是植物耐受非生物逆境研究的理想模型

盐芥具有显著的耐受高盐、低温和干旱的能力，又是模式植物拟南芥的近源植物，同时盐芥个体小，生活周期短，基因组已经得到测序，具备模式植物的基本要求，这些特征决定了盐芥是一种用于植物耐受非生物逆境研究的理想模型植物。

1.2.2.1 盐芥的抗逆能力

盐芥具有显著的耐盐能力。盐芥在100 mmol NaC1的土壤中能正常完成生活史，短时间内能耐受高达500 mmol NaC1的冲击。盐芥还能耐受-15°的低温①。

1.2.2.2 盐芥与拟南芥、油菜的亲缘关系

盐芥和拟南芥、油菜都属于十字花科植物，具有较近的亲缘关系。而拟南芥作为模式植物，其遗传背景已经研究得相当清楚。EST测序结果显示，盐芥与拟南芥和油菜的核酸编码区同源性高达94%以上，这有利于根据拟南芥的基因序列信息方便地进行盐芥同源基因的克隆。

---

① Inan, G., Zhang, Q., Li, P., et al., Salt cress. a halophyte and cryophyte Arabidopsis relative model system and its applicability to molecular genetic analyses of growth and development of extremophiles. Plant Physiol. 2004, 135: 1718-1737.

1.2.2.3 盐芥具备模式植物的基本要求

盐芥植株较小，成熟个体一般高 10—60cm，大量植株可以种在很小的地方。生长条件易于控制。在筛选变异株时很容易排除由于环境变化而导致的植物形态发育变异；生长期短，在温室条件下完成生活史需 3—4 个月；种子多，1 株可产生至少数千粒种子；基因组小，只有 7 条染色体；基因组已经得到测序。

1.2.2.4 盐芥的抗逆机制接近非盐生植物

盐芥在盐适应前后既不产生盐腺，也没有形态上的变化，表明其耐盐性很大程度上与非盐生植物中存在的基本的生理和生化机制相类似。所以，研究盐芥的耐受逆境胁迫的分子机制，筛选鉴定盐芥抗逆基因，将为利用遗传工程技术改善作物抗逆性能提供理论依据和基因资源。

1.2.3 盐芥耐受非生物逆境机理研究进展

近十几年来，各国研究人员应用生理、生化和各种转录组学研究手段，初步研究了盐芥的耐盐、耐低温和耐干旱机理。

在盐芥抗逆生理方面，Volkov 等①发现在盐胁迫下，盐芥积累的 Na 离子较拟南芥少；在拟南芥中，组织的 Na/K 离子浓度呈负相关，但在盐芥中却不是。研究表明盐芥的根质膜通道具有较高的 K/Na 离子选择性；盐胁迫下拟南芥的蒸腾速率急剧下降，而盐芥的蒸腾速率则降低较慢，且盐处理下只是稍微受到抑制，因此保持了高的水分吸收和离子运输。

在离子转运方面。电生理技术、X 射线微区分析以及单细胞

① VOLKOV, V., WANG, B., DOMINY, P.J., et al., Thellungiella halophila, a salt-tolerant relative of Arabidopsis thaliana possesses effective mechanisms to discriminate between potassium and sodium. Plant Cell Environ. 2003, 27: 1-14.

取样技术的研究表明高盐胁迫下盐芥根和叶细胞有较高的 K/Na 离子选择性。盐芥与拟南芥相比之所以有较高的耐盐性，组织特异的 K、Na 离子泵可能起到重要作用。

在生化研究方面，盐芥地上部分在非胁迫条件下即能积累大量的脯氨酸，表明存在独特的脯氨酸相关的信号通路。

在 EST 研究方面，山东师范大学和加拿大 Waterloo 大学分别建立了高盐、低温胁迫的盐芥 EST 文库和 SSH 文库①；基因芯片研究方面，全球几个实验室分别使用拟南芥寡核苷酸、cDNA 芯片对盐芥进行了相关研究②。

最近，加拿大 Waterloo 大学的研究人员进行盐芥耐受低温、高盐、干旱的 cDNA 芯片研究③。Erik Souer 实验室对盐芥大约 3000 个转录物进行了 AFLP 分析，获得了 17 个盐胁迫下上调或下调的盐芥基因。

这些研究表明：盐芥叶具有比拟南芥叶更好的抗 Na 离子毒害能力，这种能力与其小分子抗氧化剂（如硫氧还蛋白 CDSP32

---

① Wang, Z., Li, P., Fredricksen, M, et al., Expressed sequence tags from Thellungiella halophila, a new model to study plant salt-tolerance. Plant Sci. 2004, 166: 609-616. Wong, C. E., Li, Y., Whitty, B. R., et al., Expressed sequence tags from the Yukon ecotype of Thellungiella reveal that gene expression in response to cold, drought and salinity shows little overlap. Plant Mol. Biol. 2005, 58: 561-574.

② Gong, Q, Li, P., Ma, S., et al., Salinity stress adaptation competence in the extremophile Thellungiella halophila in comparison with its relative Arabidopsis thaliana. Plant J. 2005, 44: 826-839. Li, P., Mane, S. P., ALLAN, A., et al., Effects of chronic ozone exposure on gene expression in Arabidopsis thaliana ecotypes and in Thellungiella halophil. Plant Cell Environ. 2005, 29 (5): 854-868. Taji, T., Seki, M., Satou, M., et al., Comparative genomics in salt tolerance between Arabidopsis and Arabidopsis-related halophyte salt cress using Arabidopsis microarray. Plant Physiol. 2004, 135: 1697-1709.

③ Wong, C. E., Li, Y., Labbe, A., et al., Transcriptional profiling implicates novel interactions between abiotic stress and hormonal responses in Thellungiella, a close relative of Arabidopsis. Plant Physiol. 2006, 140: 1437-1450.

thioredoxin ）的积累和 Na 离子区隔化有关；盐芥根具有抗拒高盐的能力。这是由于盐芥根部在盐胁迫下能够表达特异的 Na/K 离子泵；基因芯片结果显示：盐芥组成型地表达了部分抗逆基因；与拟南芥相比盐芥在盐胁迫下，上调的基因数量较少，而且部分基因属于蛋白质异构酶。推测盐芥的抗逆能力与其蛋白层次的调控有关。总的来说，普遍认为盐芥抗逆能力既有已知抗逆基因的作用，又有一些独特的抗逆基因的贡献。

1.3 科学问题的提出和整体试验设计

目前，植物抗非生物逆境研究主要使用基因芯片等转录组学研究手段。在转录水平上的分析虽然能够提供植物特定状态下各种基因的表达情况，却不能全面揭示细胞内蛋白质的准确数量、翻译后修饰状态和亚细胞定位情况。蛋白质组学研究技术，包括亚细胞结构的蛋白质组学、各种翻译后修饰的蛋白质组学，能够补充转录组学研究的不足，近年来越来越多地应用于植物遗传学研究领域。

到目前为止，还未见盐芥应答高盐、低温和干旱的蛋白质组学方面的报道。应用蛋白质组学技术筛选、鉴定盐芥重要抗逆基因，将有助于深入了解盐芥耐受高盐、低温等胁迫的生理机制，深入揭示植物耐受非生物逆境胁迫的分子调控机理。

根据植物耐受非生物逆境的和盐芥遗传学的研究现状和趋势，结合蛋白质组学的最近技术手段，本文拟从比较蛋白质学、磷酸化蛋白质组学入手，结合抑制消减杂交技术（Suppression Subtractive Hybridization，SSH），从基因表达、蛋白表达、蛋白质翻译后修饰三个水平上筛选盐芥响应高盐、低温胁迫的蛋白和基因，并通过蛋白印记（Western Blot）、实时定量 PCR 等技术进一步验证，最终获得一批与盐芥耐受高盐、低温等胁迫有关的蛋白质和基因，并选择其中部分蛋白或基因，进行功能研究。

整体试验设计见下图所示：

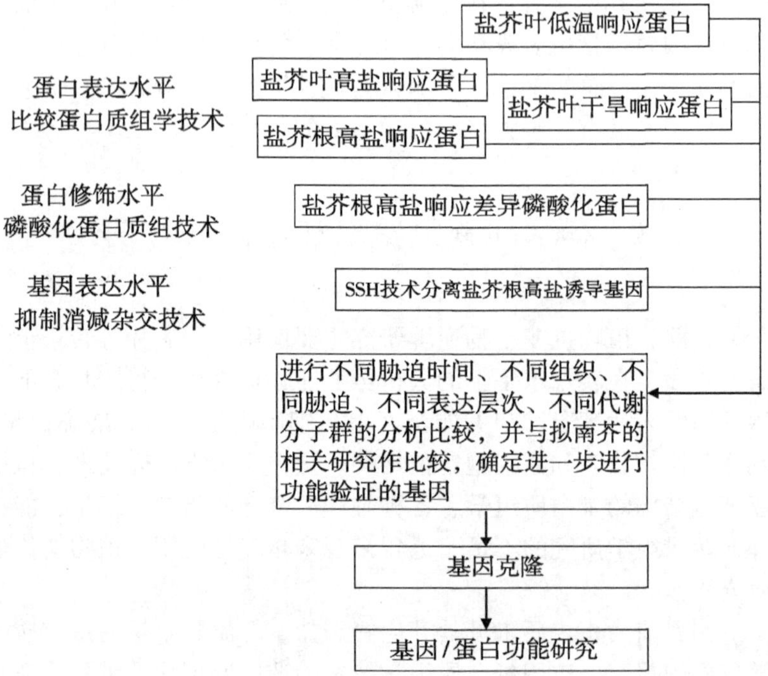

图 1-1　整体试验设计示意图

第二章　盐芥应答高盐胁迫的蛋白质组学分析

高盐、低温等非生物胁迫是全球农业减产的主要原因。在各种非生物胁迫中，高盐胁迫对植物的影响尤为突出，是制约植物生长、提高农作物产量与质量的最主要因素。因此，研究植物应答高盐等非生物胁迫分子机理，并通过遗传工程方法改造农作物，意义重大。

植物抗逆相关研究大多以模式植物拟南芥、重要作物水稻等甜土植物为研究对象，对盐生植物的耐盐机理研究较少。近年来，作为一种新的抗盐抗低温模式植物，一种盐生植物——盐芥正受到越来越多的关注。盐芥能够耐受较高程度的高盐、低温、干旱胁迫。同时盐芥是拟南芥和油菜的近源植物。盐芥生活周期短，基因组较小，是科学研究的理想材料。盐芥与拟南芥的近源关系，是盐芥作为抗逆模式植物的最大优势。而盐芥和油菜的亲缘关系，更大大缩短了盐芥研究与应用开发的距离。鉴于盐芥在植物抗逆研究方面的广阔应用前景，美国能源部联合基因组研究所（Joint Genome Institute，JGI）已经对其基因组进行了测序。

近十年来，各国研究人员以盐芥为试验材料，应用生理生化和各种转录组学研究手段，研究盐芥的耐盐、耐低温机理。山东师范大学和加拿大滑铁卢（Waterloo）大学分别建立了高盐、低温胁迫的盐芥 EST 文库和 SSH 文库；基因芯片研究方面，几个实验室使用拟南芥寡核苷酸、cDNA 芯片对盐芥进行了相关研究。最近，加拿大滑铁卢大学的研究人员进行盐芥耐受低温、高盐、干旱的 cDNA 芯片研究。

在植物抗逆蛋白质组学研究领域，拟南芥和水稻是最常被研究的材料，研究人员已进行了拟南芥叶片、根①、叶绿体②、线粒体响应高盐或低温胁迫的研究，已进行了水稻叶片、根、花药响应非生物胁迫的蛋白质组研究。这些研究大大丰富了人们对于植物耐受非生物胁迫分子机理的认识。

本部分工作研究了盐芥叶片和根蛋白质组响应短期高盐胁迫变化情况，分析了盐芥叶片蛋白质组响应长期高盐胁迫变化情况。找到了近 200 个高盐胁迫下的差异表达蛋白，通过质谱分析，确定了其中约 120 个高盐响应蛋白的身份。这些蛋白多数是在其他植物中被报道与逆境耐受相关的蛋白，也有一些是首次被发现响应高盐胁迫的。功能分类分析表明，这些高盐胁迫响应蛋白参与细胞内多种生理代谢途径。结合文献报道，进一步探讨了这些蛋白在盐芥长期和短期高盐胁迫耐受中的作用。

---

① Jiang, Y., Yang, B., Harris, N. S., et al., Comparative proteomic analysis of NaCl stress-responsive proteins in Arabidopsis roots. J. Exp. Bot., 2007, 58 (13): 3591-3607.

② Goulas, E., Schubert, M., Kieselbach, T., et al., The chloroplast lumen and stromal proteomes of Arabidopsis thaliana show differential sensitivity to short- and long-term exposure to low temperature. Plant J. 2006, 47: 720-734.

2.1　材料与方法

2.1.1　植物材料与胁迫处理

盐芥（*Thellungiella halophila*，山东生态型）种子由山东师范大学曹子谊教授惠赠。种植于温室中，温度为25℃，相对湿度为35%左右，长日照（16 h 光/8 h 暗），光照强度为330μmol m^{-2} s^{-1}。

长期高盐胁迫的处理条件：盐芥在MS培养基上萌发1周后，移栽到蛭石/珍珠岩（1∶1）的培养基上，用1/2 Hoagland培养液每3—4天浇灌一次，再生长3周后，开始进行盐胁迫。将300mM的NaCl溶于1/2 Hoagland培养液中，每3天浇灌一次。采用逐渐递增的方法施加盐胁迫，即从50mM开始，每天递增50mM，直至增加到300mM。对照组用1/2 Hoagland培养液浇灌。300mM NaCl胁迫进行25天后取叶片，液氮速冻后置-70℃备用。

短期高盐胁迫的胁迫条件：盐芥在MS培养基上萌发1周后，转移到水培条件下种植，即植物在有孔的浮子上生长，液体培养基采用1/2 Hoagland培养液，每3—4天浇灌一次。植物生长至萌发后5—6周，开始施加高盐胁迫。处理组直接在培养液中加入300mM的NaCl。胁迫后分3个时间点取样，即6 h、24 h和72 h。正常生长的植物作为对照。分别取处理组和对照组植物的叶片和根，液氮速冻后置-70℃备用。

2.1.2 生理指标的测定

2.1.2.1 叶片含水量的测定

取叶片称鲜重，然后将叶片在60℃干燥48小时，称干重。用以下公式计算：相对含水量=［（鲜重-干重）/鲜重］×100%。

2.1.2.2 叶片水势的测定

采用WP4露点水势仪（美国Decagon公司），按照产品说明书的要求测定叶片的水势。

2.1.2.3 叶片相对电解质渗漏的测定

取100 mg叶片，用去离子水清洗干净，置于装有10 mL ddH_2O的试管中，室温下孵育2h，然后测定溶液的电导率（C_1），然后将试管置于沸腾的水中加热15 min，等温度恢复到室温后，再次测定溶液的电导率（C_2）。用以下公式计算相对电解质渗漏（relative electrolyte leakage，REL）：REL= $C_1/C_2\times100\%$。

2.1.3 蛋白提取和蛋白定量

采用TCA/丙酮法进行叶片总蛋白的提取。冰上取材，称鲜重，置液氮中研磨，重悬于用冰预冷的丙酮溶液中（含10%w/v TCA和0.07% w/v DTT），-20℃孵育1小时；3.5万g离心15分钟；弃上清，将沉淀物重悬于用冰预冷的丙酮溶液中（含0.07% w/v DTT），-20℃放置1小时；1.2万g离心15分钟；重复以上步骤两次；冻干沉淀物，称量，溶于裂解液中，震荡混匀，室温度放置1小时，1.2万g，离心15分钟，取上清，加4倍体积的预冷的丙酮溶液，-20℃放置2小时，以沉淀上清液中的蛋白，1.2万g离心15分钟，沉淀物重溶于再水化液中。根总蛋白的提取。冰上取材，称鲜重，置液氮中研磨，加入抽提液

1mL（0.1 M Tris-HCl pH 8.8，10 mM EDTA，0.4%巯基乙醇，0.9 M 蔗糖），Tris 饱和酚（pH8.8）1ml，继续研磨30秒，然后转入离心管。在4°C 混匀30分钟，然后5000 g，4°C 离心10分钟。转移酚相到一个新的离心管内，加入等量的 Tris 饱和酚（pH8.8）进行第二轮抽提。在4°C 混匀30分钟，然后5000 g，4°C 离心10分钟。合并两次离心所得到的酚相，加入等体积的抽提液，在4°C 混匀30分钟，然后5000 g，4°C 离心10分钟。酚相加入5—10倍体积预冷的含0.1 M 乙酸铵的甲醇中，混匀，在-80°C 放置两小时。4000 g，4°C 离心30分钟，弃上清，用预冷的含0.1 M 乙酸铵和10 mM DTT 的甲醇洗沉淀物，然后用预冷的含10 mM DTT 的80%甲醇洗沉淀物，让沉淀物在空气中自然干燥10—15分钟。最后用水化液（8 M 尿素 ea，2 M 硫尿，4 % CHAPS，2 % Triton X-100，100 mM DTT and 1 % pH 3-10 ampholytes）重溶蛋白（室温1小时）。-70℃保存样品，或开始溶胀上样。

蛋白定量采用 Bradford 蛋白定量试剂盒（北京百泰克生物技术有限公司）。具体步骤按照产品说明书进行。为了获得比较准确的数据，每个蛋白样品的浓度取3次测定的平均值。

蛋白定量后，-70℃保存样品，或立即开始溶胀上样。

2.1.4　双向电泳、染色、扫描和软件分析

长期盐胁迫叶片蛋白双向电泳（two-dimensional electrophoresis，2-DE）的条件：取400μg 蛋白，加入适当体积的再水化液，过夜溶胀上样。使用 pH4-7，13cm 的双向胶条。仪器为 Ettan IPGphor3 system（GE Healthcare）。IEF 条件为：500V，1小时；1000V，1小时；8000V，60000伏小时。按照说明书进行胶条的平衡。使用 Bio-rad 的 ProteanII，12.5%的 PAGE 胶进行

SDS-PAGE 电泳，电泳条件为：首先恒流 5A 每胶电泳 30 分钟，然后恒流 20A 每胶电泳 4-5 小时。

短期高盐和干旱胁迫叶片和短期高盐胁迫根蛋白 2-DE 的条件：制备胶取 1000μg 蛋白，分析胶取 90μg 蛋白，加入适当体积的再水化液，过夜溶胀上样。叶片蛋白使用 pH4-7，24cm 的双向胶条，根蛋白使用 pH3-10 非线性，24cm 的双向胶条。仪器为 Ettan IPGphor3 system（GE Healthcare）。IEF 条件为：500V，1 小时；1000V，1 小时；8000V，80000 伏小时。按照说明书进行胶条的平衡。使用 Ettan Six system（GE Healthcare），12.5%的 PAGE 胶进行 SDS-PAGE 电泳，电泳条件为：首先恒功率 5W 每胶电泳 30 分钟，然后恒功率 16W 每胶电泳 4—5 小时。

制备胶使用考马斯亮蓝 R-250 进行染色。染色步骤为：

（1）固定：用固定液（50%乙醇，10%乙酸）固定半小时以上；

（2）染色：60°C 染色 10 分钟以上，染色液为：考马斯亮蓝 R-250 1.16g/L，24%乙醇，8%乙酸；

（3）脱色：多次脱色，直到胶背景变得透明，脱色液为：24%乙醇，8%乙酸。

分析胶使用银染法。染色试剂和步骤见表 2—1。

表 2-1　蛋白质银染的染色试剂和步骤

步骤	溶液	时间
固定	含 50% 甲醇，5% 乙酸的水溶液	20 min
洗涤	含 50% 甲醇的水溶液 水	10 min 10 min

续表

步骤	溶液	时间
敏化	含 0.02% 硫代硫酸钠的水溶液	1 min
洗涤	水 水	1 min 1 min
染色	预冷的含 0.1 硝酸银的水溶液	20 min，4℃
洗涤	水 水	1 min 1 min
显色	将胶放入含 0.04% 甲醛，2% 碳酸钠的水溶液，震荡，直到达到合适的染色程度	5—10 min
终止	5% 醋酸	5—10 min
贮存	4℃，1% 醋酸	

注：以上各试剂，除固定液外，均要求现用现配，并全部使用双蒸水。

使用 Umax1120 扫描仪，利用 Labscan 软件以 300dpi 分辨率采集图像。然后，用 ImageMaster 软件分析比较处理组和对照组的双向电泳图谱，确定差异表达蛋白点。

2.1.5　胶内酶解和质谱分析

将胶块切成 $1mm^3$ 左右的小块，置 Eppendorf 管中，用 ddH_2O 洗 3 次，每次 10min。然后用乙腈/50mM NH_4HCO_3（1：1）37℃脱色 30 分钟。蓝色褪去后，用乙腈将胶块脱水，并真空抽干。加入适当体积 Promega trypsin 酶液（0.1μg/μl），37℃温育过夜。最后加入三氟乙酸（trifluoroacetic acid，TFA），使 TFA 终浓度为 0.1%，然后终止反应。

MALDI-TOF 质谱鉴定在北京华大蛋白研发中心进行。MALDI-TOF 质谱仪为 Bruker Autoflex，使用 N2 激光器（发射波长 337nm)，加速电压为 20kV。MASCOT 检索使用 NCBI 绿色植物数据库。检索参数为：固定修饰：Carbamidomethyl（C）；可变修饰：Oxidation （M），Pyro - glu （N - term Q）；Mass values：Monoisotopic；Protein Mass：Unrestricted；Peptide Mass Tolerance：± 100 ppm；Peptide Charge State：1^+；Max Missed Cleavages：1。

ESI-MS/MS 分析在北京师范大学质谱中心进行。胶内酶解后的肽段混合液经 C18 柱除盐后取 1—2 μl 点样于 MALDI 板上，用 ABI 公司的 QSTAR Pulsar I 质谱仪进行分析。蛋白质的鉴定采用 MS/MS 方式，使用搜索引擎（http://www.matrixscience.com）Mascot 在 NCBI 数据库中搜索，最终确定蛋白质的相关信息。

LC MS/MS 分析。先使用自制的反相毛细管柱（50 μm × 10 cm）分离胰蛋白酶解肽段，填料为 YMC 5 μm 球状 C18 反相颗粒（YMC，Kyoto，Japan）。使用 Agilent 1100 series 双元泵系统（Agilent Technologies，Santa Clara，CA，USA）进行梯度洗脱。洗脱得到的肽段直接在装备有 nano-ESI 离子源的 LTQ 质谱仪（Thermo Electron Corporation，San Jose，CA）进行分析。质谱数据在本地 Mascot 数据库中进行分析（version 2.1，Matrix Science Ltd.，London，UK）。

2.1.6 统计处理

在 2-DE 分析中，每个处理组和对照组均采用 3 个生物学重复，每个叶片和根样品由 5—8 棵植物的样品混合而成。在生长和生理指标测定中，每个处理组和对照组均采用至少 8 个生物学重复的平均值。所有数据都采用 SAS 统计软件进行适当的统计学处理。

2.2　结果与讨论

2.2.1　盐芥对于高盐胁迫的生理反应

测定了盐芥在高盐胁迫后的叶片的含水量，其结果显示（见图2-1），叶片含水量明显降低。

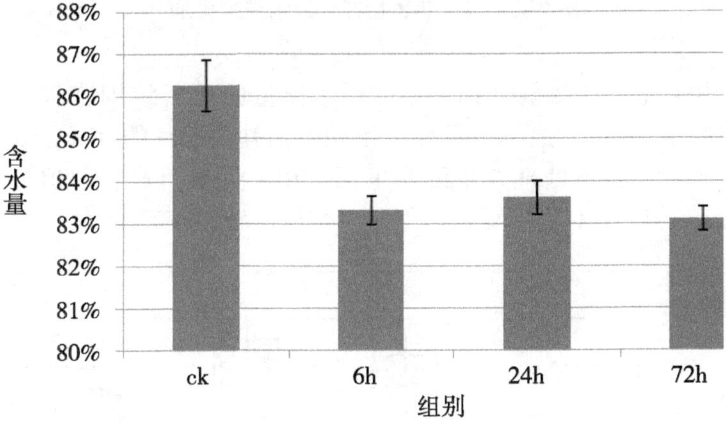

图2-1　高盐胁迫对盐芥叶片含水量的影响

测定了对照组和高盐胁迫组的水势（见图2-2）。结果表明，高盐胁迫明显降低了盐芥叶片的水势。

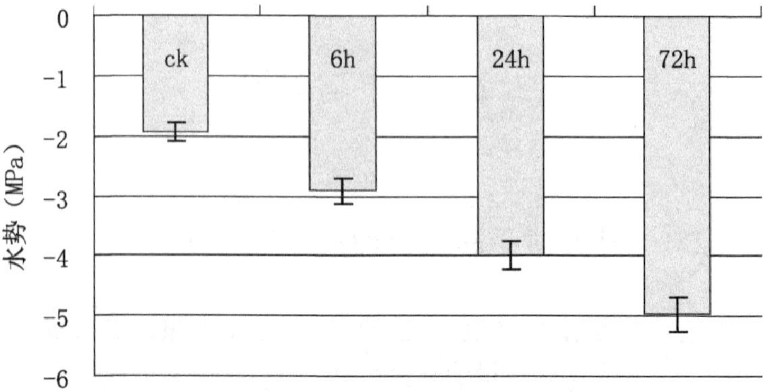

图 2-2 高盐胁迫盐芥叶片水势的影响

相对电解质渗漏（REL）可用于衡量胁迫所致细胞膜的损伤。测定了高盐胁迫 6 h、24 h 和 72 h 后盐芥叶片的 REL。如图 2-3 所示，胁迫处理 6 h 和 24 h 后，REL 明显升高；胁迫处理 72 h 后，其 REL 有所减低，但与对照组比较仍较高。

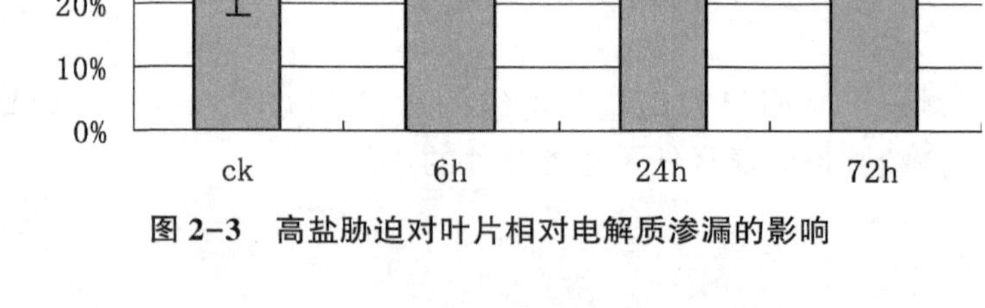

图 2-3 高盐胁迫对叶片相对电解质渗漏的影响

以上生理指标的测定表明，本研究采用的高盐胁迫条件，造成了盐芥叶片含水量和水势的下降，对叶片造成了有效的胁迫。

2.2.2　盐芥叶片总蛋白响应短期高盐胁迫的蛋白质组学分析

2.2.2.1　盐芥叶片总蛋白响应短期高盐胁迫的双向电泳分析

为鉴定盐芥响应短期高盐胁迫的蛋白质，本研究应用 2-DE 方法筛选短期高盐胁迫后叶片中丰度发生变化的蛋白点。为了观察到叶片蛋白质组响应胁迫的动态变化过程，本研究选取了胁迫后 3 个时间点取样，即胁迫后 6 小时、24 小时和 72 小时。未胁迫的作为对照组。一共 4 组样品，每组设 3 个生物学重复。

对各个组样品的 2-DE 胶进行了软件分析，结果表明，盐胁迫组和对照组的双向电泳图谱上重复出现的点在 1400 个以上，其中，发生了 1.5 倍以上的，并具有统计学差异（$P<0.05$）的蛋白点有 51 个（图 2-4）。

多数差异表达蛋白发生了丰度增减，但也有少数蛋白点是胁迫后新出现的。图 2-5 是部分差异表达点的放大图。图中 18、33、43、44 这几个蛋白点表达增加，而 29、30 这两个点的表达下降。

在不同的胁迫时间点，差异蛋白点的总数量以及上下调的数量都有所不同。总结了不同胁迫时间点差异蛋白质的丰度变化情况（图 2-6）。从这一结果可以看出，叶片高盐胁迫所致的差异表达蛋白点的总数量是随着胁迫时间的延长而增加的。这说明叶片蛋白质组对短期高盐胁迫的应答是随胁迫时间的延长而逐渐显现的，这也说明在 300mM 盐胁迫下，盐芥叶片是有一定耐受程度的，所以没有在胁迫早期就出现大量的蛋白增减变化。从结果中还可以看出，下调蛋白在全部差异表达蛋白中的比例在胁迫持续 72 小时后达到最大，看起来盐芥对高盐胁迫的延迟的短期反应是通过很多蛋白的表达下调来实现的。这一结果意味着盐芥在受到高盐胁迫 3 天后，开始抑制一些生理过程。

进一步分析了不同高盐胁迫时间点的差异表达蛋白的重叠情况（图 2-7）。看起来不同胁迫时间的差异表达蛋白之间的重叠比例不大，这说明了盐芥叶片对于短期高盐胁迫的反应是按照时间顺序逐渐展开的。

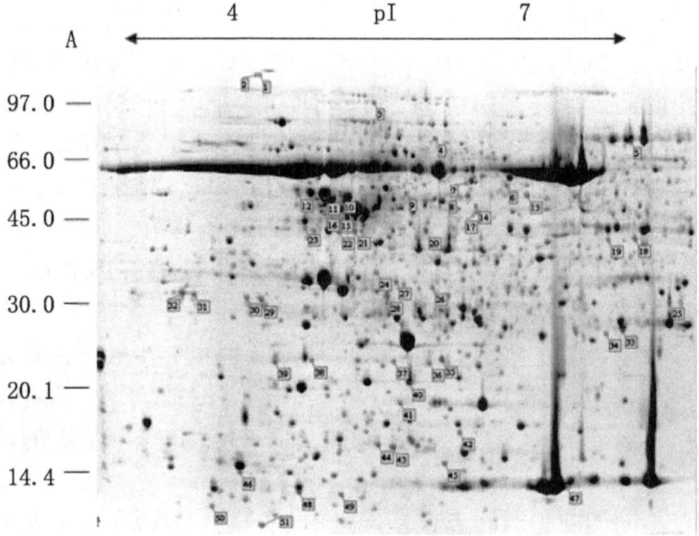

Ck,6h

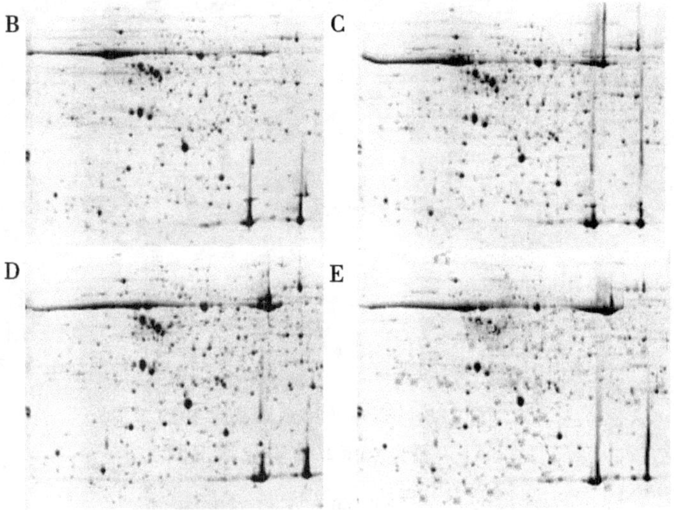

24h,72h

图 2-4　短期高盐胁迫对盐芥叶片蛋白质组的影响

注：标记的蛋白点为短期高盐胁迫差异表达点。图 B，C，D，E 分别为对照组、高盐胁迫 6 h 组、高盐胁迫 24 h 组和高盐胁迫 72 h 组的2-DE 图，图 A 为图 E 的放大图。图中分子量单位为 kDa。

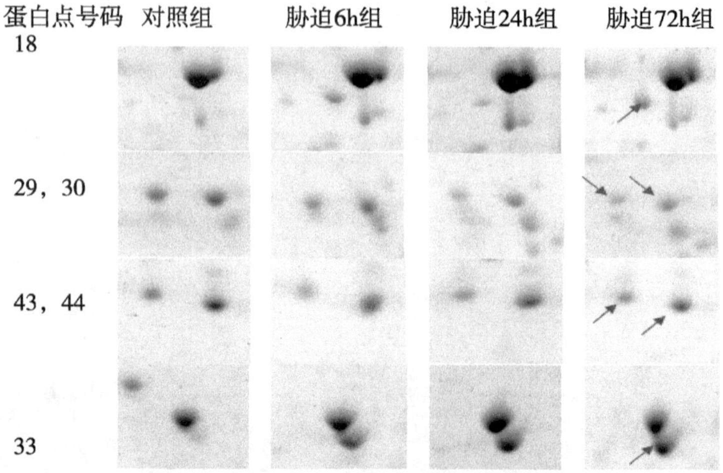

图 2-5　部分叶片短期高盐胁迫差异蛋白点的丰度变化情况图

注：箭头标记的为差异表达蛋白。

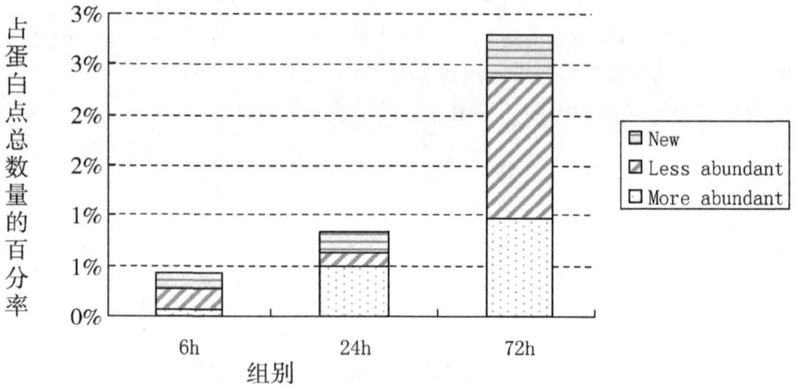

图 2-6　叶片短期高盐胁迫差异蛋白质的丰度变化情况

注：图中 New 表示新出现，Less abundant 表示丰度下降，More abundant 表示丰度上升。

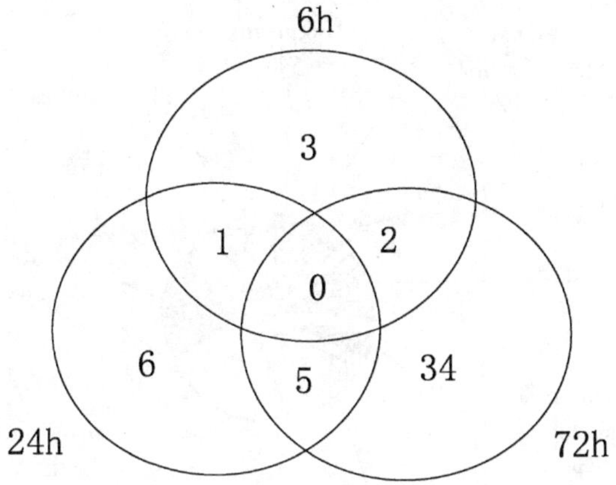

图 2-7　不同高盐胁迫持续时间的叶片差异表达蛋白的维恩图

2.2.2.2　盐芥叶片响应短期高盐胁迫差异表达蛋白的质谱鉴定

将软件分析确定的差异表达蛋白从胶上切下来，用胰蛋白酶进行胶内酶解，然后进行 MALDI-TOF/TOF、q-TOF MS/MS 或者 LC MS/MS 质谱分析，再进行数据库搜索鉴定。最后确定了 51 个差异蛋白点中 38 个的身份（见表 2-2、表 2-3 和 2-4）。

根据已鉴定蛋白点的推定的生理功能，这 38 个已鉴定蛋白可分为 9 类（见图 2-8）。其中，最大的一类为物质代谢相关蛋白，其次为转录和 RNA 加工相关蛋白，第三是防御相关蛋白，再次为光合作用相关蛋白和能量途径相关蛋白，其他类别所占的比例较小，这些类别包括：信号转导、翻译、细胞壁和细胞骨架，以及功能不明蛋白。

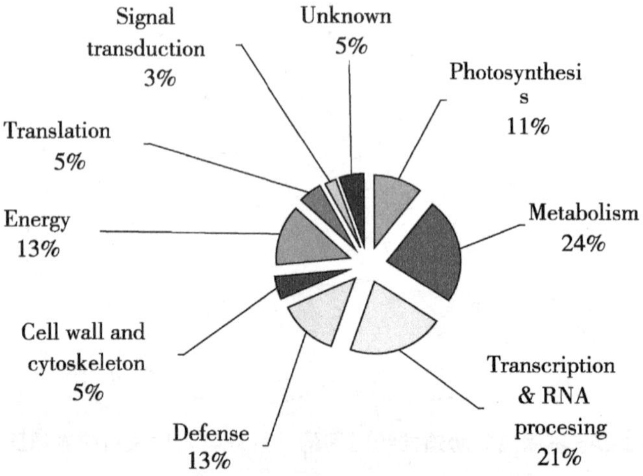

图 2-8 38 个已鉴定的叶片短期高盐胁迫响应蛋白的功能分类

表 2-2 通过 MALDI-TOF 分析鉴定的盐芥叶片短期高盐胁迫差异表达蛋白

蛋白点编号	同源蛋白	理论和实际分子量(kDa)	理论和实际等电点	Mascot 分值	匹配肽段数	序列覆盖率	NCBI 号	物种
1	SNF2 domain - containing protein/ helicase domain - containing protein / zinc finger (C3HC4 type RING finger) family protein	188/102	6. 2/4. 9	102	23	21%	gi丨15226742	*Arabidopsis thaliana*

续表

蛋白点编号	同源蛋白	理论和实际分子量（kDa）	理论和实际等电点	Mascot分值	匹配肽段数	序列覆盖率	NCBI 号	物种
2	SNF2 domain – containing protein / helicase domain – containing protein / zinc finger (C3HC4 type RING finger) family protein	188/102	6. 2/4. 9	90	23	21%	gi丨15226742	*Arabidopsis thaliana*
4	putative 2, 3–bisphosphoglycerate – independent phosphoglycerate mutase	61/61	5. 3/5. 7	171	22	33%	gi丨23397105	*Arabidopsis thaliana*
5	ATP synthase gamma chain, chloroplast precursor	33/60	6. 1/6. 7	116	8	26%	gi丨5708095	*Arabidopsis thaliana*
7	6 – phosphogluconate dehydrogenase family protein	54/52	5. 3/5. 8	67	6	15%	gi丨15222639	*Arabidopsis thaliana*
8	S – adenosylmethionine synthetase 2 (Methionine adenosyltransferase 2) (AdoMet synthetase 2) (MAT 2)	43/43	5. 5/5. 8	72	6	13%	gi丨3024127	*Catharanthus roseus*
10	RuBisCO activase	43/42	5. 5/5. 2	67	6	18%	gi丨445628	*Nicotiana tabacum*

续表

蛋白点编号	同源蛋白	理论和实际分子量（kDa）	理论和实际等电点	Mascot分值	匹配肽段数	序列覆盖率	NCBI 号	物种
11	RuBisCO activase	43/42	5. 5/5. 2	72	6	18%	gi丨445628	*Nicotiana tabacum*
12	RPS1（ribosomal protein S1）; RNA binding	45/43	5. 1/5. 1	113	8	19%	gi丨30692346	*Arabidopsis thaliana*
13	ATP sulfurylase	51/48	6. 3/6. 1	103	17	32%	gi丨6606509	*Arabidopsis thaliana*
18	ATP synthase gamma chain, chloroplast precursor	33/39	6. 1/6. 6	62	7	21%	gi丨5708095	*Arabidopsis thaliana*
20	Coproporphyrinogen III oxidase, chloroplast precursor	44/41	6. 2/5. 6	153	11	26%	gi丨13431553	*Arabidopsis thaliana*
23	SBPASE（sedoheptulose - bisphosphatase）; phosphoric ester hydrolase	42/40	6. 2/5. 2	123	8	19%	gi丨15228194	*Arabidopsis thaliana*

续表

蛋白点编号	同源蛋白	理论和实际分子量(kDa)	理论和实际等电点	Mascot分值	匹配肽段数	序列覆盖率	NCBI 号	物种
29	29 kDa ribonucleoprotein, chloroplast, putative / RNA - binding protein cp29, putative	31/30	5.1/4.9	62	6	12%	gi丨15228102	*Arabidopsis thaliana*
35	unknown protein	20/19	5.1/5.7	64	11	26%	gi丨18391006	*Arabidopsis thaliana*
39	2 - cys peroxiredoxin, chloroplast (BAS1)	29/20	6.9/4.9	107	7	29%	gi丨15229806	*Arabidopsis thaliana*
40	putative delta subunit of ATP synthase	15/18	9.2/5.5	78	16	54%	gi丨1480014	*Brassica rapa*
44	Glycine-rich RNA - binding protein GRP1A	16/16	5.2/5.3	87	7	45%	gi丨1346180	*Sinapis alba*
47	RuBisCO small subunit, chloroplast precursor	21/14	8.2/6.3	80	7	36%	gi丨132154	*Raphanus sativus*
45	ATP synthase CF1 epsilon subunit	14/15	5.8/5.7	72	4	26%	gi丨7525039	*Arabidopsis thaliana*
49	thioredoxin	14/14	5.1/5.1	88	7	21%	gi丨992960	*Arabidopsis thaliana*

表 2-3 通过 ESI-MS/MS 分析鉴定的盐芥叶片短期高盐胁迫差异表达蛋白

蛋白点编号	同源蛋白	理论和实际分子量（kDa）	理论和实际等电点	分值	匹配肽段序列	NCBI 号	物种
17	Reversibly glycosylated polypeptide-3	41/41	6.5/5.9	2023	EAVTVQQCYIELSK, YIFTIDDDCFVAK	Q8LB19	*Arabidopsis thaliana*
30	Putative ribonucleoprotein At2g37220, chloroplast precursor	31/30	4.9/4.8	1565	VSEAEARPPR, EQSFSADLK	Q9ZUU4	*Arabidopsis thaliana*
43	Glycine-rich RNA-binding protein 7	16/16	6.0/5.5	2141	SITVNEAQSR, GFGFVTFKDEK	Q03250	*Arabidopsis thaliana*

表 2-4 通过 LC MS/MS 分析鉴定的盐芥叶片短期高盐胁迫差异表达蛋白

蛋白点编号	同源蛋白及其物种	NCBI 号	分值	理论和实际分子量（kDa）	理论和实际等电点
3	EF-G like protein [*Arabidopsis thaliana*]	gi丨14532624	164	86/83	5.5/5.4
6	monodehydroascorbate reductase [*Brassica junceal*]	gi丨4704613	170	52/51	7.6/6.0

续表

蛋白点编号	同源蛋白及其物种	NCBI 号	分值	理论和实际分子量（kDa）	理论和实际等电点
9	ATS1（ACYLTRANSFERASE 1）[*Arabidopsis thaliana*]	gi丨15222600	263	50/43	6.1/5.5
15	CHLI1（CHLORINA 42）; magnesium chelatase [*Arabidopsis thaliana*]	gi丨15233888	1124	46/41	6.1/5.2
19	curculin – like（mannose – binding）lectin family protein [*Arabidopsis thaliana*]	gi丨17644159	275	50/38	8.7/6.0
25	GTP – binding nuclear protein Ranl [*Solanum lycopersicum*]	gi丨585777	244	25/32	6.3/6.7
31	RNA–binding protein 2 [*Arabidopsis thaliana*]	gi丨475719	126	34/32	4.6/4.5
32	RNA–binding protein 2 [*Arabidopsis thaliana*]	gi丨475719	176	34/33	4.6/4.4
33	glutathione S – transferase（GST6）[*Arabidopsis thaliana*]	gi丨20197312	1063	24/28	6.1/6.6
38	2 – cys peroxiredoxin, chloroplast（BAS1）[*Arabidopsis thaliana*]	gi丨3121825	205	29/24	6.9/5.2

续表

蛋白点编号	同源蛋白及其物种	NCBI 号	分值	理论和实际分子量（kDa）	理论和实际等电点
42	actin depolymerizing factor 4 [*Arabidopsis thaliana*]	gi丨4185511	137	16/17	6.7/5.7
46	H - protein [*Flaveria cronquistii*]	gi丨437993	99	17/14	5.1/4.8
48	endoribonuclease L - PSP family protein [*Arabidopsis thaliana*]	gi丨15231137	90	20/14	8.5/5.0
51	Similar to glucosyl-transferases [*Arabidopsis thaliana*]	gi丨14423542	93	51/11	4.9/4.8

2.2.2.3 盐芥叶片响应短期高盐胁迫的机理分析

根据 NCBI 网站对这 38 个差异表达蛋白的注释，发现有 17 个蛋白定位于叶绿体中，占全部已鉴定差异蛋白的 45%。这说明叶绿体功能的维持是盐芥耐受高盐胁迫的首要问题。光合作用是植物叶片能量和物质代谢的中心，很容易受到非生物胁迫的不利影响。

（1）盐芥通过调整 RuBisCo 的活性和 SBPase 的表达量降低光合速率

本研究发现两个 RuBisCO 激活酶，一个景天庚酮糖-1，7-二磷酸酶（SBPase）下调，一个 RuBisCo 小亚基上调。研究发现了两个丰度比较大的 RuBisCO activase 随盐胁迫时间的持续，表达量持续降低。RuBisCO 激活酶能够调节 RuBisCO 复合物的酶活性[①]，文献报道其表达量在水稻叶片中受到高盐胁迫和干旱胁迫诱导，在短期低温胁迫后发生降解，在拟南芥中被低温胁迫下调[②]。看起来，RuBisCO 激活酶在不抗盐的水稻和盐生植物盐芥中对于高盐胁迫的反应不同。RuBisCo 小亚基的具有调节 RuBisCO 复合物的酶活性的作用。另一个表达量下降的光合作用关键酶是景天庚酮糖-1，7-二磷酸酶（SBPase），该酶是催化景天庚酮糖-1，7-二磷酸转化生成景天庚酮糖-7-磷酸的反应的酶。抑制 SBPase 在转基因烟草中的表达能够叶片光合碳同化能力，降低植物生长速度[③]。而在水稻中过量表达 SBPase 能够增强光合作用，并通过防止 RuBisCO 激活酶在类囊体膜上的滞留，提高植物对高盐胁迫的耐受能力[④]。总的来说，在高盐胁迫下，盐芥叶片通过调整 RuBisCo 和 SBPase 的活性降低了光合速率。

（2）盐芥通过调整关键酶的表达量降低了叶绿素的合成

本研究发现粪卟啉原Ⅲ氧化酶（coproporphyrinogen Ⅲ oxidase），一个叶绿素（chlorophyll）和原血红素（heme）生物合成途径中的重要酶被高盐胁迫下调，同时，对于绕过粪卟啉原Ⅲ氧化酶的另一条合成 protoporphyrin IX 的合成途径，由于 Methio-

---

① Zhang, N., Portis A. R., Jr., Mechanism of light regulation of Rubisco: a specific role for the larger Rubisco activase isoform involving reductive activation by thioredoxin-f. Proc. Natl. Acad. Sci. USA 1999, 96 (16): 9438-9443.

② Goulas, E., Schubert, M., Kieselbach, T., et al., The chloroplast lumen and stromal proteomes of Arabidopsis thaliana show differential sensitivity to short-and long-term exposure to low temperature. Plant J. 2006, 47: 720-734.

③ LAWSON, T., BRYANT, B., LEFEBVRE, S., et al., Decreased SBPase activity alters growth and development in transgenic tobacco plants. Plant, Cell Environ. 2006, 29 (1): 48-58

④ Feng, L., Han, Y., Liu, G., et al., Overexpression of sedoheptulose-1, 7-bisphosphatase enhances photosynthesis and growth under salt stress in transgenic rice plants. Funct. Plant Biol. 2007, 34: 822-834.

nine adenosyltransferase 活性的下降，造成腺苷甲硫氨酸（S-adenosylmethionine）下降，这条合成途径合成 protoporphyrin IX 的能力也下降。这样 protoporphyrin IX 的合成量降低，这会影响下游的叶绿素（chlorophyll）和原血红素类分子的合成。

本研究还发现了 protoporphyrin IX 下游叶绿素合成途径的第一个酶：CHLI1（CHLORINA 42）表达量也发生了下调。CHLI1 具有 ATPase 活性，能够在合适的条件下，裂解 ATP 分子，将 Mg 离子插入到 protoporphyrin IX 分子中，启动叶绿素类分子的合成，所以 CHLI1 是叶绿素类分子合成途径的关键酶。最近的研究发现，CHLI1 的 ATPase 活性受叶绿体硫氧还蛋白（thioredoxin，Trx）的调控，处于还原态的 CHLI1 具有 ATPase 酶活性，处于氧化态的 CHLI1 则丧失 ATPase 酶活性①。通过这种机制，氧化还原状态与光合反应偶联起来，在各种环境变化下协同行动，有利于植物对环境变化的适应。

上游前体分子 protoporphyrin IX 和关键酶的下调必然导致叶绿素类分子合成的速率下降，这与因 RuBisCo 和 SBPase 的活性而降低的光合速率相协调。

protoporphyrin IX 合成的下降也会影响下游原血红素类分子的合成。原血红素类分子在光合磷酸化和氧化磷酸化相关的电子传递中发挥重要作用。这也说明了植物体内具有合理的机制，能够将光合反应与光合电子传递有效地偶联起来，以避免浪费。

（3）ROS 清除相关蛋白

高盐胁迫能增加细胞内活性氧的积累，植物发展了一套完善的 ROS 清除体系来应对过高的 ROS 对细胞的毒害。这套体系主

① Ikegami，A.，Yoshimura，N.，Motohashi，K.，et al.，The CHLI1 subunit of Arabidopsis thaliana magnesium chelatase is a target protein of the chloroplast thioredoxin. J. Biol. Chem. 2007，282（27）：19282-19291.

要由抗氧化酶和小分子抗氧化剂组成。本研究发现了一个定位于叶绿体的抗氧化酶 glutathione S-transferase（GST6），两个定位于叶绿体的小分子抗氧化剂 2 - cys peroxiredoxin，chloroplast（BAS1）和一个胞浆 thioredoxin，它们都被高盐胁迫上调表达量。叶绿体更是相对比较容易受到氧化损伤的细胞器，所以多数 ROS 清除相关蛋白都位于叶绿体内。其中，2-cys peroxiredoxin chloroplast（BAS1）能降解 alkyl hydroperoxides（带有-OOH 的化合物），其基因表达受细胞 Redox 状态的调节，在 2-cys peroxiredoxin chloroplast（BAS1）突变体中，一些叶绿体相关蛋白含量减少，光合作用受到影响。本研究发现的两个 2-cys peroxiredoxin chloroplast（BAS1）一个只在胁迫 6 小时上调，另一个在胁迫 3 天后上调，这两个蛋白点分子量相同，等电点相差约 0.2，可能是不同的异构体，或者是翻译后修饰的不同形式。

（4）RNA 结合蛋白参与高盐胁迫耐受

本研究发现多个 RNA 结合蛋白在高盐胁迫下表达下调。其中有 5 个叶绿体 RNA 结合蛋白（chloroplast RNA - binding protein）。这些蛋白包括：两个 RNA - binding protein 2，一个 RNA - binding protein cp29，一个 putative ribonucleoprotein At2g37220，一个 RPS1（ribosomal protein S1）。这些蛋白能够结合叶绿体内新合成的 RNA 分子，形成核糖蛋白，借此一方面增加这些 RNA 的稳定性，另一方面协助进行 RNA 的剪接、编辑等加工①。这么多叶绿体 RNA 结合蛋白表达的下调，可能意味着叶绿体蛋白翻译活动的下降，以适应光合作用活性的下降。

另外两个非叶绿体 RNA 结合蛋白是 Glycine - rich RNA - binding protein GRP1A，Glycine - rich RNA - binding protein 7

① Nakamura，T.，Schuster，G.，Sugiura，M.，et al.，Chloroplast RNA-binding and pentatricopeptide repeat proteins. Biochem. Soc. Trans. 2004，32：571-574.

（GRP7）和两个 SNF2 domain-containing protein/helicase domain-containing protein/zinc finger（C3HC4 type RING finger）family protein。富含甘氨酸的蛋白（GRPs）被认为在胁迫条件下的植物的转录后调控中起重要作用。一项研究认为 AtGRP7 具有 RNA 折叠伴侣活性，发现 AtGRP7 能够促进大肠杆菌对低温的适应①。本研究发现两个富含甘氨酸的 RNA 结合蛋白在高盐胁迫下表达降低，它们在高盐胁迫中的作用还有待进一步研究。

（5）涉及高盐耐受的其他生理过程

高盐胁迫对各种细胞生理过程都有着程度不同的影响。本研究发现与能量代谢有关的 4 个 ATPase 亚基的蛋白点全部上调，一个涉及糖酵解的 putative 2，3-bisphosphoglycerate-independent phosphoglycerate mutase 下调，涉及电子传递的 monodehydroascorbate reductase 也下调。伴随着光合作用的活力下降，能量合成相关酶的表达增加是容易接受的。但是 4 个 ATPase 亚基蛋白的表达增加的生理意义还不清楚。有文献报道，在水稻中 ATPase 亚基在低温胁迫后出现降解，但是另外一项研究报道 ATPase 亚基被低温胁迫上调。鉴于 ATPase 存在于叶绿体、线粒体等多种细胞器中，其执行的功能也与其具体存在位置有关，所以 ATPase 亚基蛋白在胁迫条件下的蛋白表达模式比较复杂。

本研究还发现了一个 GTP-binding nuclear protein Ranl 在高盐胁迫后新出现，该蛋白主要与蛋白质进入细胞核以及 RNA 从细胞核进入胞浆有关。

盐芥细胞应答高盐胁迫还发生了细胞壁和细胞骨架方面的变化，这种变化与渗透胁迫所导致的细胞膨压增大有关。一个可逆

① Kim, J. S., Park, S. J., Kwak, K. J., et al., Cold shock domain proteins and glycine-rich RNA-binding proteins from Arabidopsis thaliana can promote the cold adaptation process in Escherichia coli. Nucleic Acids Res. 2007, 35: 506-516.

糖基化肽3（RGP2）被发现被高盐胁迫上调。可逆糖基化肽参与细胞壁的合成[①]，有报道 *Arabidopsis* RGP1 在根中受盐胁迫诱导。可逆糖基化肽在植物逆境胁迫耐受中的作用还有待研究。细胞骨架在植物响应环境变化中起到了重要的作用。本研究发现了一个微丝解聚因子（actin depolymerizing factor 4，ADF4）上调。肌动蛋白解聚因子是F-actin 的重要调节因子，通过解聚和切割肌动蛋白而调节肌动蛋白微丝骨架的动态装配，进而调节肌动蛋白的功能[②]。微丝解聚因子在谷物类植物中被高盐、干旱和低温诱导上调[③]，提示微丝解聚因子的上调是细胞适应胁迫进行渗透调节的需要。

2.2.3　盐芥根总蛋白响应短期高盐胁迫的蛋白质组学分析

2.2.3.1　盐芥根总蛋白响应短期高盐胁迫的双向电泳分析

为鉴定盐芥根部响应短期高盐胁迫的蛋白质，本研究应用2-DE 方法筛选短期高盐胁迫后根部丰度发生变化的蛋白点。为了观察到根蛋白质组响应胁迫的动态变化过程，本研究选取了胁迫开始后3个时间点取样，即胁迫后6小时、24小时和72小时。未胁迫的作为对照组。一共4组样品，每组设3个生物学重复。

---

① Dhugga，K. S.，Tiwari，S. C.，Ray，P. M.，A reversibly glycosylated polypeptide（RGP1）possibly involved in plant cell wall synthesis：purification，gene cloning，and trans-Golgi localization. Proc. Natl. Acad. Sci. USA 1997，94：7679-7684.

② Bamburg，J. R.，Proteins of the ADF/cofilin family：essential regulators of actin gynamica. Annu. Rev. Cell. Dev. Biol. 1999，15：185-230.

③ Ouellet，F.，Carpentier，E.，Cope，M. J. T. V.，et al.，Regulation of a wheat actin-depolymerizing factor during cold acclimation. Plant Physiol. 2001，125：360-368.

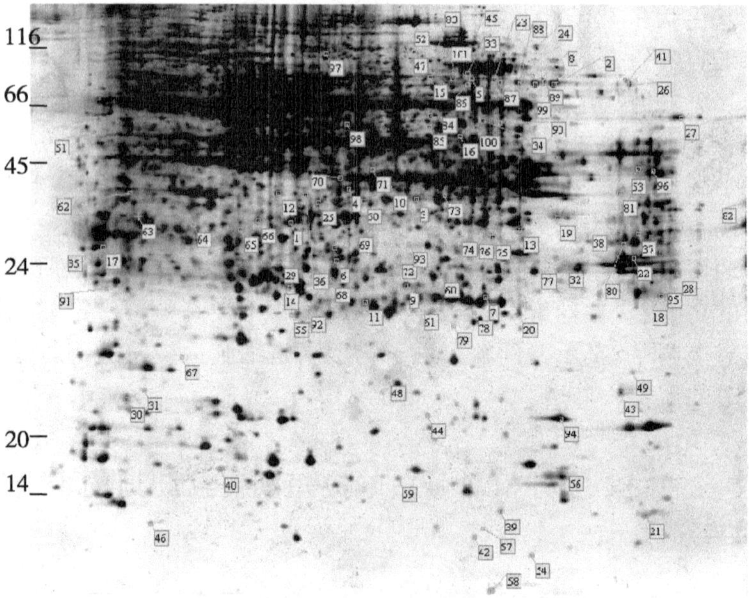

图 2-9　盐芥根响应短期高盐胁迫的
典型 2-DE 图（分析胶，银染）

注：图中标注的为软件分析确定的差异表达蛋白点，分子量单位为 kDa。

对各个组样品 2-DE 胶进行了软件分析，结果表明，盐胁迫组和对照组的双向电泳图谱上重复出现的点在 1800 个以上，其中，发生了 1.5 倍以上的，并具有统计学差异（P<0.05）的蛋白点有 101 个（图 2-9 和 2-10）。

多数差异蛋白发生了表达丰度的增加或减少，但也有一些蛋白点是在胁迫后新出现或者消失的。

在不同的胁迫时间点，根响应短期高盐胁迫差异蛋白点的总数量以及上调、下调的数量都有所不同。图 2-11 表示总结了不同胁迫时间点差异蛋白质的丰度变化情况。从这一结果可以看出，在各个胁迫时间点，根高盐胁迫所致的差异表达蛋白点的总数量相差不大。胁迫后 6 小时出现的差异表达蛋白点的数量甚至还稍稍多于胁迫后 72 小时的。这种情况与盐芥叶片蛋白质组对于短期高盐胁迫的应答迥然不同，根据本研究前一节的内容，叶片蛋白质组对短期高盐胁迫的应答是逐渐显现的，而盐芥根蛋白质对短期高盐胁迫做出了快速的反应。这与根作为在植物体各个器官中第一个感受高盐胁迫，并且是耐受高盐胁迫的第一道防线的地位是一致的。

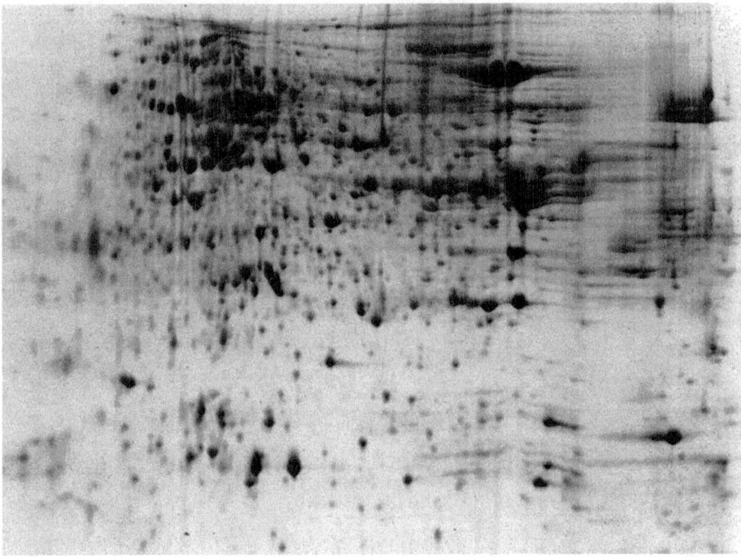

图 2-10 盐芥根响应短期高盐胁迫的
典型 2-DE 图（制备胶，考马斯亮蓝染色）

注：等电点范围为 3—10，左侧为酸性端，SDS-PAGE 电泳方向为从上到下。

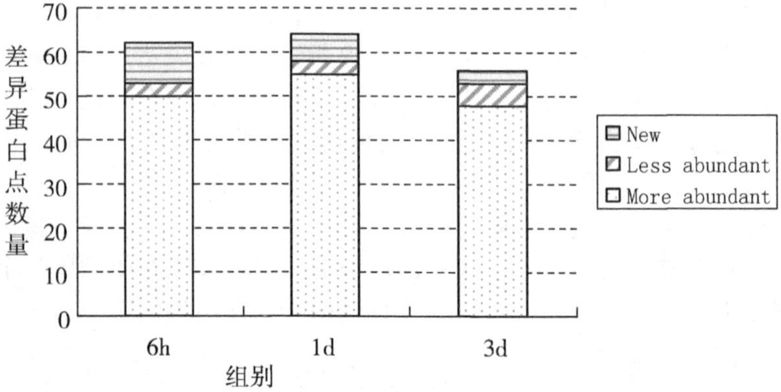

图 2-11 短期高盐胁迫各个时间点出现的根差异表达蛋白点数量和构成

注：Y 轴为差异蛋白点数量，X 轴为不同的胁迫时间。图中，New 为新出现的，Less abundant 为丰度下降，More abundant 为丰度上升。

2.2.3.2 盐芥根响应短期高盐胁迫差异表达蛋白的质谱鉴定

将软件分析确定的发生丰度上调或新出现的差异表达蛋白从制备胶（图 2-10）上切下来，用胰蛋白酶进行胶内酶解，然后进行 MALDI-TOF 或者 LC MS/MS 质谱分析，然后进行数据库搜索鉴定。由于一些银染确定的差异表达蛋白点在制备胶上找不到对应的位置，所以全部做 MS 分析的蛋白点为 70 个。最后确定了 56 个差异蛋白点的身份（见表 2-5）。

根据已鉴定蛋白点的推定的生理功能，这 56 个已鉴定蛋白可分为 9 类（见图 2-12）。其中，最大的一类为物质代谢相关蛋白，第二类为能量途径相关蛋白，第三是抗氧化酶、防御和胁迫相关蛋白，再次为蛋白翻译和加工相关蛋白，第四类为信号转导相关蛋白。其他类别所占比例较小，包括转录相关蛋白、跨膜物质转运、细胞骨架相关蛋白以及功能不明蛋白。

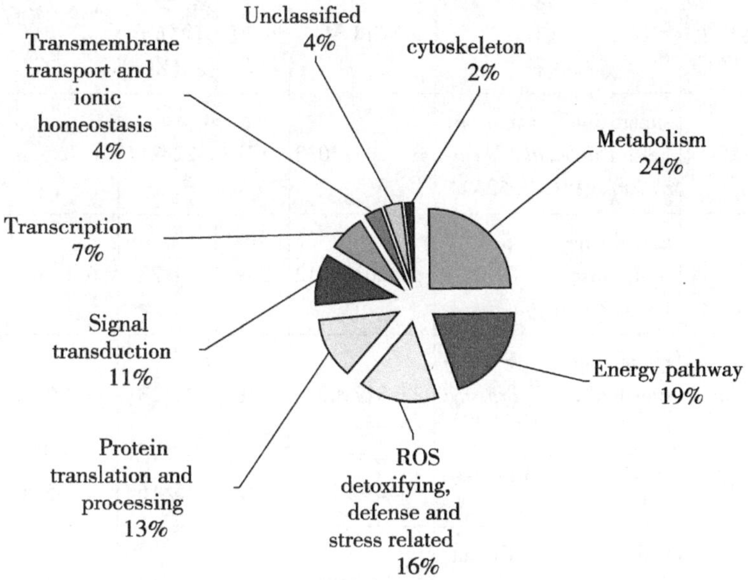

图 2-12　MS 鉴定的盐芥根短期高盐胁迫差异表达蛋白的功能分类

表 2-5　MALDI-TOF 或 LC MS/MS 鉴定的盐芥根短期高盐胁迫差异表达蛋白及其功能分类

功能分类和蛋白序号	同源蛋白和物种	NCBI 号	分值	理论/实验分子量（kDa）	理论/实验等电点
ROS scavenging and defence					

续表

功能分类和蛋白序号	同源蛋白和物种	NCBI 号	分值	理论/实验分子量（KDa）	理论/实验等电点
28	superoxide dismutase, Fe [*Thiobacillus denitrificans* ATCC 25259]	gi丨74317033	172	22/21	6.0/5.8
29	glutathione S – transferase（GST6）[*Arabidopsis thaliana*]	gi丨20197312	359	24/23	6.1/6.2
32	glutathione S – transferase 3 [*Brassica juncea*]	gi丨31790097	168	24/23	6.4/8.0
45	superoxide dismutase [*Brassica juncea*]	gi丨24421235	152	15/16	5.45.4
50	Glutaredoxin [Ricinus communis（castor bean）]	gi丨1707981	109	11/12	6.7/7.7
36	gamma – tocopherol methyltransferase [*Perilla frutescens*]	gi丨147828111	78	41/66	8.1/6.5
65	alcohol dehydrogenase [*Eragrostis japonica*]	gi丨2444148	74	23/25	8.7/6.3
53	disease resistance – responsive family protein / dirigent family protein [*Arabidopsis thaliana*]	gi丨15237086	130	21/21	9.2/6.3

续表

功能分类和蛋白序号	同源蛋白和物种	NCBI 号	分值	理论/实验分子量（kDa）	理论/实验等电点
70	late embryogenesis abundant family protein/LEA family protein [*Arabidopsis thaliana*]	gi丨15224810	564	36/43	4. 7/4. 8
Energy pathway					
22	fructose - bisphosphate aldolase, putative [*Arabidopsis thaliana*]	gi丨15231715	308	39/39	6. 1/6. 2
27	PDH - E1 ALPHA (PYRUVATE DEHYDROGENASE E1 ALPHA); oxidoreductase [*Arabidopsis thaliana*]	gi丨15223294	139	48/44	7. 2/6. 1
34	ubiquinol-cytochrome-c reductase - like protein [*Arabidopsis thaliana*]	gi丨62319688	66	20/21	7. 9/7. 4
37	6 - phosphofructokinase [*Arabidopsis thaliana*]	gi丨15218074	102	68/68	6. 5/6. 8

续表

功能分类和蛋白序号	同源蛋白和物种	NCBI 号	分值	理论/实验分子量（kDa）	理论/实验等电点
78	fructose - bisphosphate aldolase, putative [*Arabidopsis thaliana*]	gi丨15231715	97	39/45	6.1/6.3
59	pyrophosphate-fructose-6-phosphate 1-phosphotransferase-related/pyrophosphate-dependent 6-phosphofructose-1-kinase-related [*Arabidopsis thaliana*]	gi丨15218074	172	67/67	6.5/6.4
61	hexokinase, putative [*Arabidopsis thaliana*]	gi丨30694182	161	54/50	6.4/6.2
35	CSY1 (CITRATE SYNTHASE 1); citrate (SI) -synthase [*Arabidopsis thaliana*]	gi丨15231128	91	53/52	7.7/7.0
26	oxidoreductase [*Arabidopsis thaliana*]	gi丨15232542	130	37/38	5.7/5.9
42	monooxygenase, putatve [*Arabidopsis thaliana*]	gi丨51968852	337	55/51	8.1/7.3
62	FMN binding [*Arabidopsis thaliana*]	gi丨18396698	67	35/28	8.8/6.9

续表

功能分类和蛋白序号	同源蛋白和物种	NCBI 号	分值	理论/实验分子量（kDa）	理论/实验等电点
Signal transduction					
25	transducin family protein / WD - 40 repeat family protein [*Arabidopsis thaliana*]	gi丨18400838	261	37/37	6. 0/6. 0
30	GTP - binding nuclear protein Ran1 [*Solanum lycopersicum*]	gi丨585777	105	25/24	6. 3/6. 3
52	ADP - ribosylation factor, putative [*Arabidopsis thaliana*]	gi丨15223164	69	21/20	6. 4/6. 5
43	putative protein phosphatase 2C; 55455 - 56414 [*Arabidopsis thaliana*]	gi丨12324254	61	26/20	6. 1/3. 7
75	ATMRK1 (Arabidopsis thaliana MLK/Raf - related protein kinase 1); kinase/ protein serine/threonine/ tyrosine kinase [*Arabidopsis thaliana*]	gi丨15229398	70	43/31	6. 2/5. 5
69	(TSA1 - LIKE); protein binding [*Arabidopsis thaliana*]	gi丨30683851	225	85/115	4. 6/4. 6

续表

功能分类和蛋白序号	同源蛋白和物种	NCBI 号	分值	理论/实验分子量（kDa）	理论/实验等电点
Protein translation and processing					
38	aspartate－tRNA ligase－like protein [*Arabidopsis thaliana*]	gi丨18252211	165	46/66	6.7/7.0
77	putative elongation factor 1B gamma [*Arabidopsis thaliana*]	gi丨14334818	907	46/46	5.4/5.8
63	40S ribosomal protein S2（RPS2D）[*Arabidopsis thaliana*]	gi丨15230312	193	30/29	10.2/6.7
51	tetra－ubiquitin [Saccharum hybrid cultivar H32-8560]	gi丨3789940	399	34/12	6.2/6.9
31	PAC1（20S proteasome alpha subunit C1）; peptidase [*Arabidopsis thaliana*]	gi丨15233268	189	27/24	6.6/6.8
47	CPN10（CHAPERONIN 10）[*Arabidopsis thaliana*]	gi丨18394184	73	11/14	6.7/7.1

续表

功能分类和蛋白序号	同源蛋白和物种	NCBI 号	分值	理论/实验分子量（kDa）	理论/实验等电点
73	ALPHA-SNAP2（ALPHA-SOLUBLE NSF ATTACHMENT PROTEIN）；soluble NSF attachment protein [*Arabidopsis thaliana*]	gi丨15228848	293	33/24	5. 2/5. 3
Metabolism					
21	Cysteine synthase（O-acetylserine sulfhydrylase）O-acetylserine（Thiol）-lyase（CSase）（OAS-TL）[*Brassica juncea*]	gi丨11131561	368	33/32	5. 7/5. 8
76	MTHFR1（METHYLENETETRAHYDROFOLATE REDUCTASE 1）；methylenetetrahydrofolate reductase（NADPH）[*Arabidopsis thaliana*]	gi丨15232215	76	67/66	6. 6/6. 1

续表

功能分类和蛋白序号	同源蛋白和物种	NCBI 号	分值	理论/实验分子量（kDa）	理论/实验等电点
74	Lactoylglutathione lyase (Methylglyoxalase) (Aldoketomutase) (Glyoxalase I) [*Brassica juncea*]	gi丨3334244	94	21/20	5.6/5.7
23	esterase/lipase/thioesterase family protein [*Arabidopsis thaliana*]	gi丨15219082	174	37/38	6.1/6.3
39	beta-glucosidase [*Brassica nigra*]	gi丨1732572	300	51/66	6.3/7.3
40	ACLB-2 (ATP-citrate lyase B-2) [*Arabidopsis thaliana*]	gi丨15239897	753	66/66	7.5/7.6
41	ACLB-2 (ATP-citrate lyase B-2) [*Arabidopsis thaliana*]	gi丨15239897	340	66/66	7.5/7.7
81	THI1 (THIAZOLE REQUIRING) [*Arabidopsis thaliana*]	gi丨15239735	485	37/38	5.8/6.2
67	PDX1 (PYRIDOXINE BIOSYNTHESIS 1.3); protein heterodimerization/ protein homodimerization [*Arabidopsis thaliana*]	gi丨15240972	200	33/29	5.8/5.5

续表

功能分类和蛋白序号	同源蛋白和物种	NCBI 号	分值	理论/实验分子量（kDa）	理论/实验等电点
72	F18O14.30, isoflavone reductase, putative [*Arabidopsis thaliana*]	gi丨8778426	213	35/27	5.6/5.3
71	pfkB-type carbohydrate kinase family protein [*Arabidopsis thaliana*]	gi丨15242193	185	37/38	5.0/5.0
55	AOC3 (ALLENE OXIDE CYCLASE 3) [*Arabidopsis thaliana*]	gi丨18404658	133	28/20	9.2/9.0
68	acid phosphatase class B family protein [*Arabidopsis thaliana*]	gi丨15233504	169	29/23	4.8/3.7
60	ATPAP26/PAP26 (purple acid phosphatase 26); acid phosphatase/ protein serine/threonine phosphatase [*Arabidopsis thaliana*]	gi丨15242870	249	55/51	6.8/6.4
Transcription					
24	PUR ALPHA-1; nucleic acid binding [*Arabidopsis thaliana*]	gi丨30685174	73	32/37	5.8/5.8

续表

功能分类和蛋白序号	同源蛋白和物种	NCBI 号	分值	理论/实验分子量（KDa）	理论/实验等电点
56	ATP - dependent DNA helicase [*Chlamydomonas reinhardtii*]	gi丨158276735	70	97/20	8. 7/9. 1
57	ATP binding / nucleoside - triphosphatase/ nucleotide binding [*Arabidopsis thaliana*]	gi丨79530257	65	109/23	9. 4/9. 4
66	CHR9/SNF2/SWI2 (chromatin remodeling 9); helicase [*Arabidopsis thaliana*]	gi丨42561667	66	99/21	6. 5/6. 7
Ionic home ostasis					
58	porin, putative [*Arabidopsis thaliana*]	gi丨15232074	122	29/28	8. 8/9. 0
80	vacuolar ATPase subunit E - like protein [*Thellungiella halophila*]	gi丨20340245	138	26/24	6. 5/6. 5
Cytoske leton					
79	ankyrin - like protein - like protein [*Sorghum bicolor*]	gi丨27542768	75/	48/39	6. 2/6. 5

续表

功能分类和蛋白序号	同源蛋白和物种	NCBI 号	分值	理论/实验分子量（KDa）	理论/实验等电点
Unclassified					
64	aluminum - induced protein - like protein [*Thellungiella halophila*]	gi丨20340249	384	28/27	6.2/6.3
46	unnamed protein product [*Arabidopsis thaliana*]	gi丨9294281	73	46/16	6.0/6.4

2.2.3.3　盐芥根响应短期高盐胁迫的分子机制

（1）盐芥根强化能量合成途径以适应胁迫耐受需要

本研究发现了一些与糖酵解、柠檬酸循环和电子传递有关的蛋白在高盐胁迫后上调。这些蛋白包括参与糖酵解的推定的己糖激酶（putative hexokinase）、6 - phosphofructokinase、pyrophosphate-dependent 6-phosphofructose-1-kinase-related 和 putative fructose-bisphosphate aldolase，参与柠檬酸循环的 PDH-E1 ALPHA（PYRUVATE DEHYDROGENASE E1 ALPHA）和 CITRATE SYNTHASE 1（CSY1），以及与电子传递相关的 ubiquinol-cytochrome-c reductase-like protein、oxidoreductase、putatve monooxygenase 和 FMN binding 蛋白。这说明盐芥根部在高盐胁迫后增强了能量的生成。能量的增强可能是为了填补机体为了适应高盐胁迫而加强新蛋白合成、强化 ROS 清除系统和维持离子平衡等这些生理活动对能量的需求缺口。

在这些能量代谢相关蛋白中，己糖激酶是个非常重要的调节酶，它同时也是一个糖信号感受器，在糖信号途径中发挥了重要的作用。本研究发现 1 个已糖激酶被高盐胁迫上调，这与文献报道的结果相反①，其原因不明。

（2）盐芥根抗氧化酶体系对胁迫的反应更快

各种非生物胁迫，包括高盐胁迫都能使植物体内的活性氧自由基（Reactive Oxigen Species，ROS）水平升高，植物发展了有效的 ROS 清除系统来控制这种危害。植物的 ROS 清除系统主要包括抗氧化酶和抗氧化小分子。本研究发现了多个抗氧化酶，如 FeSOD、GST 和 superoxide dismutase（SOD）。

利用 ROS 清除系统来控制高盐胁迫导致的氧化胁迫可能是植物共有的一种机制，但是在不同种类的植物中，ROS 清除系统对于胁迫的响应速度有可能不同。通过对比分析盐芥与拟南芥的高盐胁迫的根差异蛋白的表达模式（见表 2-6），可以发现，在盐芥根中，一些抗氧化酶对胁迫的响应更快。这种抗氧化酶对于高盐胁迫的快速响应是盐芥比拟南芥抗盐能力强的重要因素之一。

表 2-6　盐芥与拟南芥抗氧化酶相关蛋白响应高盐胁迫的表达模式比较

物种		6h*	24h*	48h*	72h*
盐芥蛋白	Glutathione S -transferase (GST6), At2g47730	1.8±0.36	2.1±0.42		1.6±0.32

① Claeyssen, E., Rivoal, J., Isozymes of plant hexokinase: Occurrence, properties and functions. Phytochemistry 2007, 68: 709-731.

续表

物种		6h*	24h*	48h*	72h*
相应拟南芥蛋白**	Glutathione S-transferase (GST6) [Arabidopsis thaliana]	0.78±0.10		1.5±0.17	
盐芥蛋白	Gluthatione S-transferase (ATGST1), At1g02930	2.6±0.36	2.9±0.45		2.1±0.37
相应拟南芥蛋白**	glutathione S-transferase 3 [Brassica juncea]	0.68±0.14		2.15±0.81	
盐芥蛋白	Alcohol dehydrogenase (ADH1), At1g77120	1.6±0.31	1.9±0.32		2.3±0.42
相应拟南芥蛋白**	alcohol dehydrogenase [Eragrostis japonica]	0.57±0.20		0.6±0.12	

*高盐胁迫持续时间。

**相应拟南芥蛋白指与盐芥蛋白相似性最高的拟南芥蛋白。

（3）多种抗氧化小分子共同参与高盐胁迫反应

本研究发现一个典型的抗氧化小分子 Glutaredoxin 被高盐胁迫上调。Glutaredoxin 是广泛存在于原核、真核生物中的一种小分子蛋白质，具有多种生物学功能，如核糖核苷酸还原酶的辅酶、脱氢抗坏血酸还原酶活性、参与氧化应激作用、抗凋亡作用等。在胁迫条件下，Glutaredoxin 主要参与维持细胞的氧化还原状态，提供细胞内的还原环境。

维生素 E 是一种重要的具有抗氧化能力的小分子，其结构上存在酚基，易于被过氧化物氧化。维生素 E 参与清除光合组织中的自由基，在非光合组织中能够保护脂类双层膜上的多不饱和脂肪酸免受脂肪氧化酶的攻击①。本研究发现一个维生素 E 合成相关酶 gamma-tocopherol methyltransferase 表达升高，说明植物为适应高盐胁迫所致的 ROS 上升而加强了抗氧化小分子维生素 E 的生物合成。

维生素 B6 作为一种重要的辅酶分子，参与细胞多个重要的生理过程，如氨基酸合成、糖原分解和脂质代谢等。最近发现，维生素 B6 与维生素 C 和与维生素 E 一样，也是一个具有抗氧化能力的生物小分子。一般认为，作为一种重要的辅酶分子，维生素 B6 能够减少超氧化物含量，抑制脂质过氧化，还能抑制和拖延细菌侵染植物所致的活性氧依赖的防御机制。在植物中，维生素 B6 的合成基因 PDX1 和 PDX2 被强光、低温、干旱、臭氧等多种非生物胁迫诱导②，这也印证了维生素 B6 作为一种抗氧化小分子在氧化胁迫耐受中的地位。在本研究中，一个 PDX1 蛋白点被胁迫上调，说明盐芥根部增加了维生素 B6 的合成。推测维生素 B6 合成的加强一方面是为了适应各种相关生理过程酶催化反应的需要，特别是增强的能量合成途径的需要，更重要的一方面是为了清除过高水平的活性氧。

（4）盐芥根部硫代谢增强

硫是植物必需的 6 种元素之一，其在体内的主要存在形式有 Cys，Met，SAM 和 GSH，以 GSH 为代表，这些含硫氨基酸和氨

---

① Coffman, F. D. and Bohme, T., Relationship between fatty acid profile and vitamin E content in maize hybrids (Zea mays L.). J. Agr. Food Chem. 2001, 49: 4990-4994.

② Denslow, S. A., Rueschhoff, E. E., Daub, M. E., Regulation of the Arabidopsis thaliana vitamin B6 biosynthesis genes by abiotic stress. Plant Physiol. Biochem. 2007, 45: 152-161.

基酸衍生物在植物多种生理活动，特别是植物对环境条件的响应中起着重要的作用。GSH 是细胞内一种重要的含硫氨基酸衍生分子，对于细胞 redox 稳态的维持和外源毒物的解毒都起着重要的作用。Cys 是谷胱甘肽合成的底物，通过两步酶促反应合成谷胱甘肽。第一步反应是合成 γ-glutamylcysteine（γ-EC），在γ-EC 合成酶（γ-EC synthetase）的催化作用下，Cys 与 Glu 以 γ 肽键连接形成 γ-EC。第二步是在谷胱甘肽合成酶（glutathione synthetase）的作用下，γ-EC 与 Gly（或 Ala）形成谷胱甘肽（或 homoglutathione）。本研究发现 Cys 合成酶表达增加，提示 GSH 合成活动增强。这反映了根部需要更多的 GSH 来维持细胞氧化还原稳态（redox homostasis）。

同时，本研究还发现一个 glyoxalase I 上调。Glyoxalase 可以将对细胞有毒害的代谢物甲基乙二醛（Methylglyoxal）转化为 GSH 和乳酸，同时能够将偶然与 methylglyoxal 结合形成 hemithioacetal 的 GSH 解放出来，以维持细胞内 GSH 的浓度①。过量表达 glyoxalase I 的转基因植物表现出升高的高盐胁迫耐受能力②。推测 glyoxalase I 在胁迫条件下的上调与植物机体对于 ATP 的需求增加和提高糖酵解活性有关③。

Cys 也是合成另一个含硫氨基酸 Met 的前体，Cys 和 Asp 通过多步酶促反应形成 Met。Met 不仅是两个必需的含硫氨基酸之

---

① Creighyton, D. J., Magliorini, M., Pourmotabbed, T., et al., Optimization of efficiency in the glyoxalase pathway. Biochemistry 1988, 27: 7376-7384.

② Singla-Pareek, S. L., Reddy, M. K., Sopory, S. K., Genetic engineeringof the glyoxalase pathway in tobacco leads to enhanced salinity tolerance. Proc. Natl. Acad. Sci. USA 2003, 100: 14672-14677.

③ Espartero, J., Sánchez-Aguayo, I., and Pardo, J. M., Molecular characterization of glyoxalase-I from a higher plant; upregulation by stress. Plant Mol. Biol. 1995, 29 (6): 1223-1233.

一，也是合成 S-adenosyl methionine（SAM）的前体。本研究也发现了 Met 合成途径中的 MTHFR1（METHYLENETETRAHYDROFOLATE REDUCTASE 1）表达增强，提示 Met 合成活动增强。SAM 在植物体中具有重要功能，是很多重要化学反应的甲基供体。SAM 还是合成含硫维生素（如 biotin 和维生素 B1 等）的前体。

与 Met 合成活动的增强相关，本研究发现含硫维生素维生素 B1 的合成酶 THI1（THIAZOLE REQUIRING）表达增强，提示维生素 B1 的合成活动增强。维生素 B1 是一种重要的辅酶分子，其合成前体为来自糖酵解的 3 磷酸甘油醛和丙酮酸，反过来，维生素 B1 作为辅酶参与丙酮酸脱羧形成乙酰辅酶 A 和 alpha-ketoglutarate 脱羧形成琥珀酰辅酶 A（succinyl COA），又保证了糖酵解的顺利完成。维生素 B1 和糖酵解途径的这种相互促进关系，反映了在高盐胁迫下的盐芥根部，存在一种能量合成的增强与硫代谢途径的协同调节关系。

（5）盐芥根通过提高转录因子 PUR ALPHA-1 的表达来增强根细胞蛋白合成

本研究发现一个转录调控相关 DNA 结合蛋白 PUR ALPHA-1被高盐胁迫上调。PUR ALPHA-1 能够作用于一种顺式作用元件 Tel-Box，而 Telo-box 主要分布在很多翻译机构成员基因的启动子区域，如 eEF-1A 的启动子上，促进下游基因在根原基（root primordia）的表达①。在本研究中，确实有几个翻译相关的蛋白丰度上调，如 putative elongation factor 1B gamma、aspartate - tRNA ligase - like protein 和 40S ribosomal protein S2

① Tremousaygue, D., Manevski, A., Bardet, C., et al., Plant interstitial telomere motifs participate in the control of gene expression in root meristems. Plant J. 1999, 20(5): 553-561.

（RPS2D）。推测盐芥通过上调 PUR ALPHA-1 的表达增强根细胞蛋白合成速率，以适应环境胁迫。实际上，本研究发现的 101 个差异蛋白中，绝大多数都被上调或新出现，说明胁迫下的盐芥根部确实新合成了很多蛋白质。

（6）盐芥根响应高盐胁迫上调的信号通路分子

本研究发现了一些信号通路相关分子被高盐胁迫上调，这些信号分子主要包括激酶和蛋白磷酸酶，还有几个与囊泡介导的转运有关的蛋白：putative ADP-ribosylation factor（ARF1），ranl 和（TSA1-LIKE）；protein binding。其中，ARF1 是 Ras 基因超家族的成员，在囊泡介导的分子转运中起着重要作用，特别是在细胞极性形成和根毛生长中发挥作用。种康等的研究表明 ARF 在囊泡介导的生长素转运中起到了分子开关的作用①。Ranl 是一个真核 GTPase，主要参与细胞核和细胞质间的物质运输，被证明在根和茎参与生长素介导的分生组织形成②。

（7）盐芥根响应高盐胁迫增加酸性磷酸酶的表达

本研究发现两个酸性磷酸酶被高盐胁迫上调，这两个酸性磷酸酶分别为：酸性磷酸酶 B 家族成员（acid phosphatase class B family protein）和紫酸性磷酸酶［26ATPAP26/PAP26（purple acid phosphatase 26）］。植物酸性磷酸酶（包括紫酸性磷酸酶）

---

① Chong，K.，Zhuang，X.，ARF-GTPase as a molecular switch for polar auxin transport mediated by vesicle trafficking in root development. Plant Signaling Behav. 2007，2（2）：101-102.

② Wang，X.，Xu，Y.，Han，Y.，et al.，Overexpression of RAN1 in rice and Arabidopsis alters primordial meristem，mitotic progress，and sensitivity to auxin，Plant Physiol. 2006，140：91-101.

早就被发现能被磷缺乏所诱导①，也有一些酸性磷酸酶被高盐、干旱等其他环境条件诱导。酸性磷酸酶在胁迫响应中的生物学意义尚不完全清楚②，但紫酸性磷酸酶由于具有过氧化物酶活性，所以推测其能够在胁迫响应中，通过参与自由基清除或逆境信号转导而发挥作用③。

2.2.4 盐芥叶片总蛋白响应长期高盐胁迫的蛋白质组学分析

2.2.4.1 盐芥叶片总蛋白响应长期高盐胁迫的双向电泳分析

为鉴定盐芥中与高盐耐受相关的蛋白质，本研究比较了高盐长期胁迫后，叶片中丰度发生显著变化的蛋白点。每一个蛋白样品为4—5棵盐芥叶片的混合，盐胁迫组和对照组各使用了4个以上的独立样品。软件分析表明，盐胁迫组和对照组的双向电泳图谱上重复出现的点在900个以上，其中，发生了1.5倍以上的，并具有统计学差异（$P<0.05$）的蛋白点有30个（图2-13）。其中新出现的蛋白有3个，丰度上调的蛋白有16个，下调的为11个。图2-14显示了部分差异蛋白点的丰度变化情况。

---

① Veljanovski, V., Vanderbeld, B., Knowles, V. L., et al., Biochemical and molecular characterization of AtPAP26, a vacuolar purple acid phosphatase up-regulated in phosphate-deprived Arabidopsis suspension cells and seedlings. Plant Physiol. 2006, 142: 1282-1293.

② Ehsanpour, A. A. and Amini, F., Effect of salt and drought stress on acid phosphatase activities in alfalfa (Medicago sativa L.) explants under in vitro culture. Afr. J. Biotechnol. 2003, 2 (5): 133-135.

③ Liao, H., Wong, F., Phang, T., et al., GmPAP3, a novel purple acid phosphatase-like gene in soybean induced by NaCl stress but not phosphorus deficiency. Gene 2003, 318: 103-111.

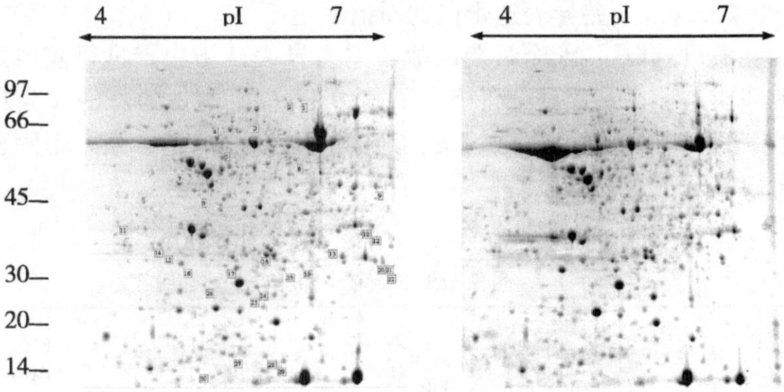

图 2-13　长期盐胁迫下丰度改变的叶片蛋白点

注：标记的是差异蛋白点。

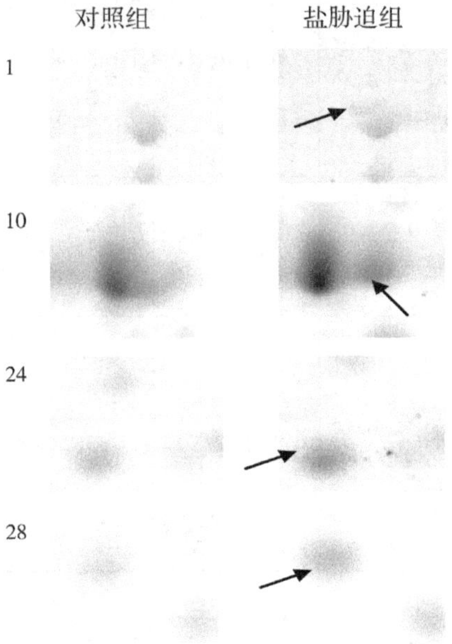

图 2-14　部分叶片长期高盐胁迫响应蛋白点的放大图

注：标记的是差异蛋白点。

2.2.4.2　差异表达蛋白的质谱鉴定

随机选取了 25 个长期高盐胁迫差异表达蛋白点进行胶内酶解和质谱鉴定。质谱分析确定了其中 13 个蛋白点的身份（表2-7 和表 2-8）。值得注意的是，其中一个蛋白点（9 号）是两种蛋白质的混合物。

表 2-7　通过 MALDI-TOF MS 鉴定的盐芥叶片长期高盐胁迫差异表达蛋白

点序号	同源蛋白	变化情况	实测分子量/理论分子量	实测等电点/理论等电点	Mascot 分值	匹配肽段数	匹配氨基酸百分数	NCBI 编号	物种	拟南芥基因座位编号
1	Disease resistance protein (TIR-NBS-LRR class)	↑	137.8/81.5	6.0/6.0	70	20	22%	gi | 15238808	*Arabidopsis thaliana*	AT5G18370
10 *	cytosolic malate dehydrogenase	↑	36.0/36.4	7.0/6.7	67	11	33%	gi | 21593565	*Arabidopsis thaliana*	AT5G43330
10 *	GAPC-2; glyceraldehyde-3-phosphate dehydrogenase	↑	37.0/36.4	6.7/6.7	68	12	29%	gi | 15222848	*Arabidopsis thaliana*	AT1G13440

续表

点序号	同源蛋白	变化情况	实测分子量/理论分子量	实测等电点/理论等电点	Mascot 分值	匹配肽段数	匹配氨基酸百分数	NCBI 编号	物种	拟南芥基因座位编号
13	cysteine proteinase inhibitor, putative 1	↑	22/28	6.0/6.4	71	6	20%	gi丨24899735	*Arabidopsis thaliana*	
24	unknown protein	↑	20.0/21.2	5.4/5.5	86	12	31%	gi丨18391006	*Arabidopsis thaliana*	AT1G09310
3	putative 2, 3 - bisphosphoglycerate - independent phosphoglycerate mutase	↓	61/61	5.32/5.3	171	22	33%	gi丨23397105	*Arabidopsis thaliana*	
6	ATP sulfurylase	↓	51/48	6.30/6.2	103	17	32%	gi丨6606509	*Arabidopsis thaliana*	AT3G22890
18	PAB1 (20S proteasome alpha subunit B1); peptidase	↓	26/27	5.53/5.7	107	11	44%	gi丨15219257	*Arabidopsis thaliana*	At1g09780

* 此蛋白点被鉴定为两种蛋白质

表 2-8 通过串联质谱鉴定的盐芥叶片长期高盐胁迫差异表达蛋白（蛋白点 23 通过 MALDI-TOF/TOF 鉴定，其他蛋白点通过 ESI-MS/MS 鉴定）

点序号	同源蛋白	变化情况	实测等电点/理论等电点	实测等电点/理论等电点	分值	用于确定蛋白身份的肽段的具体序列	NCBI 编号	物种	拟南芥基因座位编号
14	Putative ribonucleoprotein At2g37220, chloroplast precursor	↑	30.7/30	4.88/4.8	1565	VSEAEARPPR, EQSFSADLK	Q9ZUU4	*Arabidopsis thaliana*	At2g37220
17	Ferritin-1, chloroplast precursor	↑	28/26	5.063/5.3	2090	ISDFITQLRGDALYAMELALSLEK	Q96540	*Brassica napus*	AT5G01600
26	Glycine-rich RNA-binding protein 7	↑	16.1/16	5.99/5.5	2141	SITVNEAQSR, GFGFVTFKDEK	Q03250	*Arabidopsis thaliana*	
23	SOUL-like protein	↑	26/25	4.54/4.8	162	EDGGVGSDSAYTVAQYNSPFEFSGR	gi | 21592576	*Arabidopsis thaliana*	At1g17100

续表

点序号	同源蛋白	变化情况	实测等电点/理论等电点	实测等电点/理论等电点	分值	用于确定蛋白身份的肽段的具体序列	NCBI 编号	物种	拟南芥基因座位编号
7	F - box protein PP2 - A12 (Protein PHLOEM PROTEIN 2 - LIKE A12) (AtPP2 - A12)	↓	33. 7/41	7. 9/4. 8	400	TSGV-CLSI-SAK	Q9LN77	*Arabidopsis thaliana*	At1g12710
16	Pathogenesis - related protein 5 precursor (PR - 5) .	↓	26. 1/26	4. 5/4. 8	684	DFYD-VS-LVDG-YNVK	P28493	*Arabidopsis thaliana*	At1g75040

2. 2. 4. 3　盐芥叶片应答长期高盐胁迫的策略分析

本研究中出现了一个蛋白点被质谱鉴定为两个蛋白的情况，这种情况在别的蛋白质组研究中也报道过。虽然双向电泳的分辨率比较高，能达到几千个蛋白点，在本研究中，每个双向谱图上可检出蛋白点 1200 左右。但是考虑到细胞内表达的蛋白通常有几万个，所以，这种多个蛋白在双向电泳图上重叠在一起，呈现为一个点的情况偶然也会出现。

以前的研究表明，盐芥与拟南芥基因编码区的同源性高达 94%以上。本研究的质谱分析结果与这种观点一致，因为鉴定到的 14 个蛋白中的 13 个都直接被指向拟南芥蛋白（见表 2-7 和

表2-8的最右边一栏）。

质谱分析确定了部分蛋白的身份，这些蛋白主要与能量合成、防御、翻译后加工和转录后加工等有关。这些蛋白中一部分是植物抵御逆境胁迫的常见成员，一部分是植物能量和物质代谢途径的关键成员。这说明盐芥主要通过调整能量和物质代谢途径、增强防御系统、促进翻译后加工和转录后加工等机制，应对长期高盐胁迫。

一般认为，在高盐胁迫下，植物会降低其能量代谢率，以降低自由基浓度①。本研究发现三个与糖酵解途径相关的蛋白在长期高盐胁迫后丰度发生显著性变化。其中，二磷酸甘油依赖的磷酸甘油变位酶丰度下降，而苹果酸脱氢酶和3磷酸甘油醛脱氢酶的丰度上升。二磷酸甘油依赖的磷酸甘油变位酶是卡尔文循环中的关键酶之一。与本研究结果相似，在对拟南芥、水稻和水稻花药进行的蛋白质组学研究中该酶也被报道为低温诱导蛋白。苹果酸脱氢酶广泛存在于生物体内。因其细胞定位不同、辅因子的不同等具有多种不同的同工酶形式，具有重要的生理功能。它在植物体耐酸性、抵御铝毒等方面扮演重要的角色。对拟南芥悬浮细胞的蛋白质组研究表明有多个苹果酸脱氢酶受盐胁迫诱导，另外一项对于豌豆根进行的蛋白质组学研究也表明苹果酸脱氢酶是一种长期盐胁迫响应蛋白。3-磷酸甘油醛脱氢酶参与卡尔文循环，是涉及很多细胞基本活动的看家基因。研究证明植物3-磷酸甘油醛脱氢酶在厌氧和热激胁迫中发挥着重要作用②。

---

① Moller, I. M., Plant mitochondria and oxidative stress: electron transport, NADPH turnover, and metabolism of reactive oxygen species, Annu. Rev. Plant Physiol. Plant Mol. Biol., 2001, 52: 561-591.

② Russell, D. A., Sachs, M. M., Differential expression and sequence analysis of the maize glyceraldehyde-3-phosphate dehydrogenase gene family. Plant Cell 1989, 1: 793-803.

两个植物防御相关蛋白在长期高盐胁迫后丰度上升。铁离子是光合作用组织中的一个重要元素，当铁处于自由态时，可以通过 Haber-Weiss 参与过剩自由基的形成①，对植物有害。ferritin-1 是一个铁结合蛋白，可以将铁以结合态形式储存起来，在植物体需要的时候再释放铁离子。研究发现拟南芥叶片 mRNA ferritin 在光抑制后上调②。本研究发现一个 ferritin-1 蛋白点丰度上调。推测盐芥通过上调 ferritin-1 蛋白的表达来应对高盐胁迫所致的自由基的过量生成。

对盐芥进行的 cDNA 研究中发现，一个 TIR-NBS-LRR 类的抗病蛋白（拟南芥同源物 At5g41550）在干旱胁迫和短期盐胁迫后（3 天）mRNA 表达降低。本研究发现盐芥在长期高盐胁迫后，一个 TIR-NBS-LRR 类的抗病蛋白表达明显上调。看起来植物抗生物胁迫机制和抗非生物胁迫机制之间存在着比较复杂的相互作用关系。

本研究发现两个与基因转录后加工相关的 RNA 结合蛋白在长期高盐胁迫后丰度上升。植物 RNA 结合蛋白是结构上具有 RNA 结合域一大类蛋白质，被认为参与 mRNA 的合成、mRNA 前体的剪接，参与叶绿体基因的翻译后调控，影响翻译效率③。Glycine-rich RNA-binding protein 7 的羧基端富含甘氨酸，属于一类被称为 Glycine-rich proteins（GRPs）的 RNA 结合蛋白。GRPs 被报道与植物逆境下的基因转录后调控有关，是植物的防御系统

---

① Foyer, C. H., Lelandais, M., Kunert, K. J., Photooxidative stress in plants. Physiol. Plant 1994, 92: 696-717.

② Murgia, I, Briat, J. F., Tarantino, D., Plant ferritin accumulates in response to photoinhibition but its ectopic overexpression does not protect against photoinhibition. Plant Physiol. Biochem. 2001, 39: 797-805.

③ Albà, M. M., Pagès, M., Plant proteins containing the RNA-recognition motif. Trends Plant Sci. 1998, 3: 15-21.

的组成部分①。一项研究发现拟南芥 GRP7 的 mRNA 表达水平在 ABA、高盐和渗透胁迫处理后下降②，另一项研究表明拟南芥 GRP7 具有 RNA 折叠伴侣（RNA chaperone）的活性，能提高 Escherichia coli 对盐胁迫的耐受能力。在对于一种盐生植物 Suaeda aegyptiaca 的研究中，一种 GRP 也被发现受长期盐胁迫上调，而且其上调程度与所受盐胁迫程度成正比③。

Putative ribonucleoprotein At2g37220 叶绿体前体也被称为 RNA 结合蛋白 cp29，属于叶绿体 RNA 结合蛋白这一亚类别的 RNA 结合蛋白。叶绿体 RNA 结合蛋白的主要作用是叶绿体基因的翻译后调控，包括 mRNA 的稳定性等。玉米 RNA 结合蛋白 cp29 的磷酸化状态被报道与植株的低温耐受能力相关④。最近进行的一项研究表明拟南芥 RNA 结合蛋白 cp29 受低温诱导上调。

20S proteasome alpha subunit B1（PAB1）是 26 S 蛋白酶体（proteasome）的组成部分之一。26S 蛋白酶体的作用被认为涉及植物在遭受逆境胁迫时短寿命调控蛋白和不正常多肽的降解，PAB1 被认为参与泛素介导的蛋白降解过程⑤。长期高盐胁迫后盐芥 PAB1 蛋白丰度的降低，说明 PAB1 参与的泛素介导的蛋白

---

① Mousavi, A., Hotta, Y., Glycine - rich proteins: a class of novel proteins, Appl. Biochem. Biotechnol. 2005, 120: 169-174.

② Cao, S., Jiang, L., Song, S., et al., AtGRP7 is involved in the regulation of abscisic acid and stress responses in Arabidopsis. Cell. Mol. Biol. Lett. 2006, 11: 526-535.

③ Askari, H., Edqvist, J., Hajheidari, M., et al., Effects of salinity levels on proteome of Suaeda aegyptiaca leaves. Proteomics 2006, 6: 2542-2554.

④ Mauro, S., Dainese, P., Lannoye, R., et al., Cold-resistant and cold-sensitive maize lines differ in the phosphorylation of the photosystem II subunit, CP29. Plant Physiol. 1997, 115: 171-180.

⑤ Yang, P., Fu, H., Walker, J., Walker, J., et al., Purification of the Arabidopsis 26 S proteasome biochemical and molecular analyses revealed the presence of multiple isoforms. J. Biol. Chem. 2004, 279: 6401-6413.

降解速率有所降低。

一个硫代谢相关蛋白，ATP 硫化酶（ATP sulfurylase）在本研究中被长期高盐胁迫下调。ATP 硫化酶是拟南芥硫吸收途径中的第一个酶，也是控制硫吸收效率的限速酶①。有研究报道大豆 ATP sulfurylase 的 mRNA 水平受低温诱导②。推测 ATP 硫化酶的蛋白质丰度的变化可能与植物受胁迫后体内谷胱甘肽的代谢有关。

① Pilon-Smits, E. A. H., Hwang, S., Lytle C. M., et al., Overexpression of ATP sulfurylase in Indian mustard leads to increased selenate uptake, reduction, and tolerance. Plant Physiol. 1999, 119: 123-132.

② Phartiyala, P., Kimb, W., Cahoonc, R. E., et al., Soybean ATP sulfurylase, a homodimeric enzyme involved in sulfur assimilation, is abundantly expressed in roots and induced by cold treatment. Arch. Biochem. Biophys. 2006, 450: 20-29.

第三章　盐芥响应高盐胁迫的磷酸化蛋白质组学分析

植物常常受到各种不良环境的影响，高盐等非生物逆境能够明显降低植物的生长速度和作物的产量。植物能够感受胁迫信号，通过基因表达调控启动胁迫响应机制，进而实现对胁迫的耐受。应用转录组学和蛋白质组学技术，已经发现很多基因被高盐胁迫诱导或者抑制①，这些研究对最终阐述植物耐盐机制奠定了坚实的基础。

在以往进行的植物抗逆研究中主要使用拟南芥和水稻作试验材料。近年来，盐芥，一种拟南芥的近缘盐生植物，越来越多地被应用于植物抗逆研究。盐芥在发育和生命周期、植株大小和结构等方面与拟南芥类似，但盐芥的盐耐受能力远高于拟南芥，能够耐受 500 mM NaCl 的盐冲击，能在较高盐浓度的土壤中生活。最近，研究人员对盐芥进行了生理生化和转录组学研究，这些研究表明：盐芥的抗逆能力与其组成型地表达部分抗逆基因有关，盐芥根部能够高效表达特异的 Na/K 泵，以抑制 Na 离子的浓度，蛋白的翻译后修饰参与盐芥的耐盐机制。这些研究结果为盐芥耐盐提供了很多有用信息，为了进一步阐述盐芥的耐盐机制，还需要在蛋白和蛋白质翻译后水平上进行进一步的研究。

---

① Kawasaki, S., Borchert, C., Deyholos, M., et al., Gene expression profiles during the initial phase of salt stress in rice. Plant Cell 2001, 13: 889-905.

本研究进行了一个基于2-DE的磷酸化蛋白质组分析，以研究高盐胁迫对盐芥根磷酸化蛋白质组的影响。确定了26个磷酸化蛋白，通过质谱分析鉴定了其中的20个。这些蛋白主要参与自由基的清除、能量代谢、信号通路、蛋白质合成和折叠等过程。本文讨论了这些磷酸化蛋白在盐芥高盐耐受机制中的作用。

3.1　材料与方法

3.1.1 植物材料与胁迫处理

盐芥（*Thellungiella halophila*，山东生态型）种植于温室中，温度为25℃，相对湿度为35%左右，长日照（16 h光/8 h暗），光照强度为330μmol m^{-2} s^{-1}。

盐芥在MS培养基上萌发1周后，转移到水培条件下种植，即植物在有孔的浮子上生长，液体培养基采用1/2 Hoagland培养液，每3—4天浇灌一次。植物生长至萌发后5—6周，开始施加高盐胁迫。处理组直接在培养液中加入300mM的NaCl。胁迫后6小时后取根组织，液氮速冻后置-70℃备用。正常生长的植物作为对照。

3.1.2　蛋白提取和蛋白定量

采用酚抽提法进行根总蛋白的提取。具体步骤参见前文。蛋白定量采用Bradford assay（Baiteke，Beijing，China）。

3.1.3 双向电泳、染色、扫描和软件分析

350μg 的蛋白样品用于 2-DE，使用 pH 4 - 7 IPG strips（13 cm，linear），电泳设备为 Ettan IPGphor3 system（GE Healthcare）。2-DE 各步骤的参数参见 2.1.4。

双向电泳完毕后，先按照厂家说明书进行 Pro-Q 染色，再进行 CBB 染色。Pro-Q 染色后，使用荧光扫描仪（Typhoon 9400，GE Healthcare）扫描。分辨率为 400dpi。软件分析使用 ImageMaster 2-D Elite software（GE Healthcare）。处理组和对照组都进行了 3 个生物重复，一共 6 张胶的 12 张双向图谱用于软件分析。所有在 Pro-Q 染色的胶上出现 1.5 倍以上具有统计学意义的丰度变化的，在 CBB 染色的胶上未出现 1.5 倍以上具有统计学意义的丰度变化的点，被认定为磷酸化差异蛋白。

3.1.4 胶内酶解和质谱分析

参见前文所述。

3.2 结　果

3.2.1 盐芥根总蛋白的双向电泳和磷酸化染色分析

为了筛选应答高盐胁迫的磷酸化蛋白质，对盐芥根进行了高盐胁迫、2-DE 分析和磷酸化染色分析。磷酸化事件往往发生在胁迫后不久，所以选取了 6 小时这一时间点。典型的双向电泳图

谱如图 3-1 所示。扫描的图像经 ImageMaster 2-D Elite 软件分析，可重复出现的点在考染胶上有 900 多个，而在 Pro-Q 染色的胶上有 300 多个，也就是说，磷酸化的蛋白点占全部蛋白点的 1/3 左右。

进一步软件分析表明，有 26 个蛋白点在 Pro-Q 染色的胶上表现出 1.5 倍以上的点密度变化，同时这些点在考染胶上没有明显的点密度变化，这些点被认定为差异磷酸化蛋白质。有些点，在 Pro-Q 染色的胶上和考染胶上同时出现了点密度变化升高，这些点不被认定为差异磷酸化蛋白质。

在这 26 个高盐胁迫诱导的差异磷酸化蛋白质中，绝大多数在胁迫后磷酸化增强，这样的点有 21 个，占 81%；4 个差异磷酸化蛋白质在胁迫后磷酸化减弱；还有一个点是胁迫后新出现的。

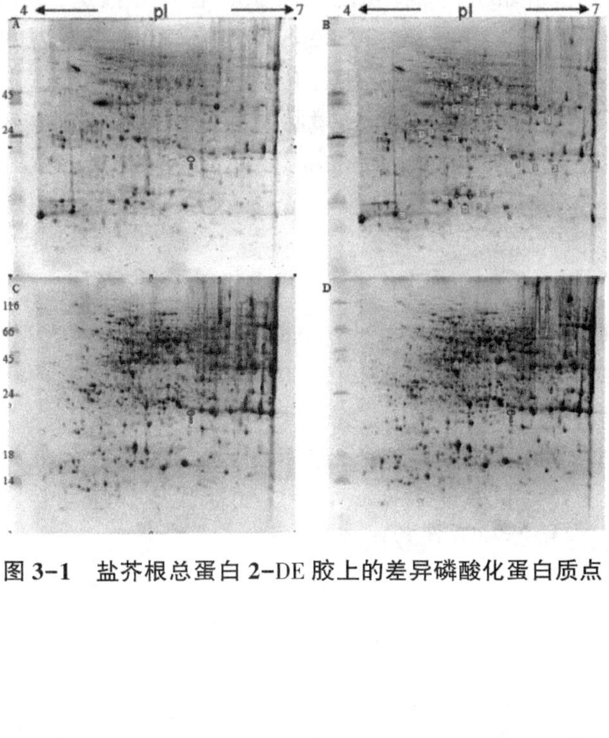

图 3-1　盐芥根总蛋白 2-DE 胶上的差异磷酸化蛋白质点

A，B 为 Pro-Q 染色的胶，C，D 为 CBB 染色的胶。A，C 为对照组，B，D 为高盐处理组。B 图中标出了全部差异磷酸化蛋白点。图 A，C，D 标出了一个差异磷酸化蛋白点，即 8 号蛋白点。图中分子量单位为 kDa。

3.2.2 差异磷酸化蛋白点的质谱鉴定

为了鉴定双向胶上的差异磷酸化蛋白质，这些点被从胶上挖下来，胰蛋白酶胶内酶解，然后使用 MALDI-TOF MS 或 LC-MS/MS 方法鉴定。共分析了 24 个点，20 个蛋白点被成功鉴定。其中 MALDI-TOF MS 鉴定出了 8 个，占 33%，LC-MS/MS 鉴定出了 12 个，占 50%。全部鉴定出的蛋白见表 3-1 和表 3-2。

本研究发现的一些磷酸化蛋白在以前未见报道，如 bisphosphate aldolase-like protein 和 atranbp1b 等，这些新发现的磷酸化蛋白在盐芥高盐耐受中的作用还有待进一步研究。

部分已鉴定的蛋白属于逆境胁迫诱导蛋白，如 glutathione S-transferase 16（ATGSTF3），thioredoxin-dependent peroxidase 1，copper/zinc superoxide dismutase，major latex protein-related / MLP-related 和 enolase。

3 个鉴定的蛋白在双向胶上以两个点的形式出现。如 6 号和 7 号点都被鉴定为 NADH dehydrogenase subunit 9，18 号和 20 号点都被鉴定为 enolase。这可能是由于蛋白异构体或者翻译后修饰造成的。

按照其推定的生理功能，这 20 个已鉴定蛋白可分为几个类别（表 3-3）：抗氧化酶，能量合成和糖代谢，信号转导，蛋白翻译，蛋白折叠和氨基酸代谢。

表 3-1　MALDI-TOF 鉴定的盐芥根高盐胁迫差异磷酸化蛋白

点序号	同源蛋白	物种	理论与实验分子量(kDa)	理论与实验等电点	Mascot 分值	匹配肽段覆盖率(%)	匹配肽段数	NCBI 编号
1	ATGSTF3 (glutathione S - transferase16); glutathione transferase	*Arabidopsis thaliana*	24. 1/23. 4	6. 3/6. 9	119	44	11	gi丨15227063
2	ATGSTF3 (glutathione S - transferase16); glutathione transferase	*Arabidopsis thaliana*	24. 1/25. 2	6. 3/6. 9	109	42	11	gi丨15227063
5	glutathione S - transferase 3	*Brassica juncea*	24. 1/44. 5	6. 4/5. 4	80	42	9	gi丨31790097
6	NADH dehydrogenase subunit 9	*Lupinus luteus*	23. 0/22. 6	6. 1/6. 2	101	53	12	gi丨9280612
10	eukaryotic translation initiation factor-5A	*Brassica napus*	17. 3/18. 8	5. 7/5. 6	102	52	9	gi丨40805177
15	reversibly glycosylated polypeptide-2	*Arabidopsis thaliana*	41. 9/42. 1	5. 9/5. 6	65	31	10	gi丨2317731
17	acyl CoA reductase, oxidoreductase, acting on the CH - CH group of donors	*Arabidopsis thaliana*	55. 7/66. 2	8. 4/5. 0	69	25	9	gi丨15242260

续表

点序号	同源蛋白	物种	理论与实验分子量(kDa)	理论与实验等电点	Mascot分值	匹配肽段覆盖率(%)	匹配肽段数	NCBI编号
21	fructose bi-sphosphate al-dolase – like protein	*Arabidopsis thaliana*	38. 9/38. 6	6. 1/6. 2	89	33	11	gi丨21592946

表 3-2 LC MS/MS 鉴定的盐芥根高盐胁迫差异磷酸化蛋白

序号	同源蛋白	物种	理论与实验分子量(kDa)	理论与实验等电点	分值	匹配肽段	覆盖率(%)	NCBI 编号
3	major latex protein – related / MLP–related	*Arabidopsis thaliana*	17. 5/18. 1	5. 4/5. 8	362	IWNYTC-DGKPE VFK, VYD-VIFQFIQK, SLAADMD-DHVLK	41	gi丨18379240
4	ATGSTF10 (early dehy-dration – in-duced 13); glutathione transferase	*Arabidopsis thaliana*	24. 2/23. 5	5. 5/5. 5	234	IPVLVDGDYK, SQGP-DLLGK, KHVSAW WDK, HVSAW-WDK	15	gi丨15224582

续表

序号	同源蛋白	物种	理论与实验分子量（kDa）	理论与实验等电点	分值	匹配肽段	覆盖率（%）	NCBI 编号
7	NADH dehydrogenase subunit 9	*Lupinus luteus*	22. 8/22. 7	6. 1/6. 1	553	MDN-QFIFKYSWETLPK，RFEVVYNLLSTR，EVWDMFGVSFINHP-DLR，VVSEPIEMTQEFR，YFDFASP-WEQR	66	gi丨9280612
8	atranbp1b	*Arabidopsis thaliana*	24. 3/22. 8	4. 8/5. 9	206	LEEVAVTT-GEEDEDTILDLK，EVAESEEE-KEESKDAS-DTAGLLEK	20	gi丨2058284
9	TPX1（thioredoxin-dependent peroxidase 1）；antioxidant	*Arabidopsis thaliana*	17. 4/18. 5	5. 2/5. 5	230	HVPGFIEK，FVADGSGEYTHLL-GLELDLK，VTVANVES-GGEFTVS-SADDILK	37	gi丨15218877

续表

序号	同源蛋白	物种	理论与实验分子量(kDa)	理论与实验等电点	分值	匹配肽段	覆盖率(%)	NCBI 编号
11	copper/zinc superoxide dismutase	*Arabidopsis thaliana*	22. 2/18. 2	6. 3/5. 3	385	KAVAVLK, AFVVHELK DDLGK, GGHELSLT-TGNAGGR	16	gi丨3273753
12	chaperonin, putative	*Arabidopsis thaliana*	57. 3/26. 4	5. 6/5. 3	288	VAEIEG AEK, LGLVTGGE-IASTFD NPESVK, LIEEIMIG EDK, AE-HHTEGC-NAGIDVIT-GAVGD-MEER	17	gi丨15242093
14	atranbp1b	*Arabidopsis thaliana*	24. 3/28. 8	4. 8/4. 9	721	LEEVAVTT-GEEDEDTIL DLK, FDK-DGSQWK, EVAESEE-EK EESK, DASDTA-GLLEK	28	gi丨2058284

续表

序号	同源蛋白	物种	理论与实验分子量（kDa）	理论与实验等电点	分值	匹配肽段	覆盖率（%）	NCBI 编号
16	ATCWINV6（6 - &1 - FRUCTAN EXOHYDROLASE）; hydrolase, hydrolyzing O - glycosyl compounds / inulinase/ levanase	*Arabidopsis thaliana*	62. 1/ 66. 0	5. 0/ 5. 1	147	NWLNDP-NAPMYYK, DVSDPLLR, INWGWVI-ETDSK	9	gi丨18416711
18	enolase	*Brassica juncea*	47. 3/ 54. 2	5. 5/ 5. 4	1071	IV-LPVPAFN-VIN GGSHA GNK, LAMQEFMIL PVGASSFK, VVIGMD-VAASE-FYSSDK	48	gi丨34597330
19	glutamate de-carboxylase 4b	*Brassica juncea*	55. 8/ 55. 9	5. 6/ 5. 6	449	EAAYQIIN-DELMLDGN PR，NYVD-MDEY-PVTTE LQNR, LLNDLLVEK	35	gi丨45935272

续表

序号	同源蛋白	物种	理论与实验分子量（kDa）	理论与实验等电点	分值	匹配肽段	覆盖率（%）	NCBI 编号
20	enolase	*Brassica juncea*	47. 3/ 54. 2	5. 5/ 5. 6	1472	DGGSDYLGK, IV-LPVPAFN-VIN GGSHA GNK, LAMQEFMI LPVGASSFK	43	gi丨34597330

表 3-3　盐芥根高盐胁迫差异磷酸化蛋白的功能分类

Antioxidant enzymes	
GST：ATGSTF10	↑
GST：ATGSTF3	↑
TPX1（thioredoxin-dependent peroxidase 1）	↑
copper/zinc superoxide dismutase	↑
Energy pathway	
Glycolysis	
Enolase	↑
fructose bisphosphate aldolase-like protein	↑
Electron transport	
NADH dehydrogenase subunit 9 2	↑
Carbohydrate metabolic	
ATCWINV6（6－&1－FRUCTAN EXOHYDROLASE）	↓
Signal transduction	
atranbp1b	↑，＋
TPX1	↑

续表

Biotic defense major latex protein-related / MLP-related	↓
Protein synthesis eIF5A	↑
Protein folding chaperonin, putative	↑
Cell wall RGP-2	↑
Metabolism glutamate decarboxylase acyl CoA reductase	↑ ↑

3.3 讨 论

为了探讨盐芥耐受高盐的机制，本研究使用了一种磷酸特异性染料 Pro-Q 进行磷酸化蛋白质组学分析，以筛选盐芥根部响应高盐胁迫的差异磷酸化蛋白。常用的磷酸化蛋白质组学分析也包括应用同位素标记的方法①，但是这种方法更适合于培养的细胞，不适合于机体和组织。近年来兴起的一种磷酸特异性染料 Pro-Q 正越来越多地被应用，被认为是一种较好的磷酸化蛋白质

① Peck, S. C., Nühse, T. S., Hess, D., et al., Directed proteomics identifies a plant-specific protein rapidly phosphorylated in response to bacterial and fungal elicitors. Plant Cell 2001, 13: 1467-1475.

组学分析方法①。

在本研究中，很多低丰度蛋白，如调节蛋白、信号通路蛋白等，没有被很好地检出。这是由于细胞内的蛋白种类繁多，CBB和Pro-Q染料的分辨率有限。进行蛋白的富集和分级分离会有助于低丰度蛋白的检出。

高盐胁迫导致了信号通路相关蛋白atranbp1b和TPX1的磷酸化增强。atranbp1b是一个Ran结合蛋白，与核质运输有关，参与小GTPase介导的信号转导②。RanBP是一个结合蛋白家族，能够通过和Ran的结合来调节Ran与GTP或与GDP结合，或将Ran GTPase与一些细胞过程偶连。最近的一项研究表明，RanBP家族的另一个成员——RanBP3的磷酸化能够提高其对Ran的亲和力，进而提高核内方向运输的效率③。在本研究中，atranbp1b的磷酸化可能起到了类似的效果。TPX1是一个重要的ROS清除酶，同时也被证明是一个氧化信号的感受器，参与胁迫信号转导④。在红细胞中，缺氧带来的氧化胁迫导致Tpx1的一个Tyr位

① Laugesen, S., Messinese, E., Hem, S., et al., Phosphoproteins analysis in plants: A proteomic approach. Phytochemistry 2006, 67: 2208 - 2214. Gerber, I. B., Laukens, K., Wittersb, E., et al., I. A. Lipopolysaccharide-responsive phosphoproteins in Nicotiana tabacum cells. Plant Physiol. Biochem. 2006, 44: 369-379.

② Lee, Y., Roux, S. J., Kim, S. H., Biochemical characterization of a family of proteins that stabilizes a plant Ran protein in its GTP - bound conformation. Plant Physiol. Biochem. 2007, 45: 515-520.

③ Yoon, S. O., Shin, S., Liu, Y., et al., Ran-binding protein 3 phosphorylation links the Ras and PI3-kinase pathways to nucleocytoplasmic transport. Mol. Cell 2008, 29: 362-375.

④ Veal, E. A., Findlay, V. J., Day, A. M., et al., A 2-Cys peroxiredoxin regulates peroxide-induced oxidation and activation of a stress-activated MAP kinase. Mol. Cell 2004, 15: 129-139.

点发生磷酸化[①]。TPX1 的磷酸化是否能引起 TPX1 酶活的变化，或者改变 TPX1 在氧化信号转导通路中的作用，还有待进一步研究。

本研究发现盐胁迫引起了几种抗氧化酶的磷酸化程度上升，这些酶包括：两种 GST，TPX1 和 Cu/Zn-SOD。盐胁迫能引起植物体内的 ROS 水平上升，伴随着很多抗氧化酶的表达程度和酶活力上升。但是本研究首次发现了在盐胁迫下，植物根部的一些抗氧化酶会发生磷酸化程度提高。据报道，一种人类 GST 能被蛋白激酶磷酸化，导致其代谢活性增强[②]。一种人细胞 Cu/Zn-SOD 能被 G-CSF 诱导发生磷酸化，并导致其降解加速[③]。总的看来，盐芥根部响应高盐胁迫的抗氧化酶的磷酸化增强是一种酶活性快速调节的手段，其生物学意义有待进一步研究。

植物根部的谷氨酸脱羧酶可以通过合成 GABA 来防止 ROS

---

① Marzocchi, B., Ciccoli, L., Tani, C., et al., Hypoxia-induced post-translational changes in red blood cell protein map of newborns. Pediatr. Res. 2005, 58: 660-665.

② Lo, H. W., Antoun, G. R., Ali-Osman, F., The human glutathione S-transferase P1 protein is phosphorylated and its metabolic function enhanced by the Ser/Thr protein kinases, cAMP-dependent protein kinase and protein kinase C, in glioblastoma cells. Cancer Res. 2004, 64: 9131-9138.

③ Csar, X. F., Wilson, N. J., Strike, P., et al., Copper/zinc superoxide dismutase is phosphorylated and modulated specifically by granulocyte-colony stimulating factor in myeloid cells. Proteomics 2001, 1: 435-443.

的过多积累[①]。同时，谷氨酸脱羧酶的磷酸化可以调节其酶活性[②]。本研究发现盐芥根受高盐胁迫后，谷氨酸脱羧酶磷酸化增强，这意味着盐芥可以通过磷酸化调整谷氨酸脱羧酶的活性，进而应对盐胁迫引起的 ROS 升高。

植物在盐胁迫下，需要强化抗性机制，如离子运输、ROS 清除、渗透物质合成，以耐受胁迫。这些过程需要额外的能量。不出意料，本研究发现一些与能量合成途径和糖代谢相关的蛋白在高盐胁迫下发生了磷酸化程度的变化，他们分别是：enolase，fructose bisphosphate aldolase，NADH dehydrogenase subunit 9 and ATCWINV6（6－&1－FRUCTAN EXOHYDROLASE）。enolase 和 fructose bisphosphate aldolase 是糖酵解中的两个重要酶。NADH dehydrogenase 是线粒体电传链的第一个成员，有报道哺乳动物细胞中一个 18－kDa NADH dehydrogenase 亚基发生了磷酸化[③]。Enolase 是一个多功能的蛋白，植物 enolase 参与胁迫反应，在转

---

① Bouché, N., Fait, A., Zik, M., et al., The root－specifc glutamate decarboxylase（GAD1）is essential for sustaining GABA levels in Arabidopsis. Plant Mol. Biol. 2004, 55：315－325. Bouché, N., Fait, A., Bouchez, D., et al., Mitochondrial succinic－semialdehyde dehydrogenase of the c－aminobutyrate shunt is required to restrict levels of reactive oxygen intermediates in plants. Proc. Natl. Acad. Sci. U. S. A. 2003, 100：6843－6848.

② Wei, J., Davis, K. M., Wu, H. et al., Protein phosphorylation of human brain glutamic acid decarboxylase（GAD）65 and GAD67 and its physiological implications. Biochemistry 2004, 43, 6182－6189.

③ Scacco, S., Vergari, R., Scarpulla, R. C., et al., cAMP－dependent phosphorylation of the nuclear encoded 18－kDa（IP）subunit of respiratory complex I and activation of the complex in serum－starved mouse fibroblast cultures. J. Biol. Chem., 2000, 275：17578－17582.

录、转录后和翻译后多个水平上受到盐胁迫的诱导或抑制①。Enolase 具有转录因子活性②，并在酵母细胞中具有分子折叠伴侣的作用③。本研究发现 enolase 在高盐胁迫后发生磷酸化或磷酸化程度增强，但其生物学意义还有待研究。

高盐胁迫还增强了一些与蛋白翻译和折叠有关的蛋白质的磷酸化，这些蛋白包括 eIF-5A 和一个分子伴侣。eIF-5A 参与蛋白质翻译起始，其表达与发育阶段和环境胁迫有关。已发现在酵母 eIF-5A 在 Thr-49 位置可发生磷酸化④，但是这种磷酸化与 eIF-5A 翻译起始因子的活性的关联还不清楚。本研究发现eIF-5A 在高盐胁迫后，其磷酸化程度明显上升，这意味着盐芥 eIF-5A 的磷酸化与植物的盐耐受有关。

另外一些蛋白的磷酸化也受到高盐胁迫的诱导或抑制，包括与细胞壁合成有关的 RGP-2，与脂肪酸代谢相关的 acyl CoA reductase，以及与植物抗病虫侵袭有关的 major latex protein-related / MLP-related 蛋白。看起来，磷酸化是盐芥耐受高盐胁迫时所广泛采用的调节机制。

总之，本研究揭示了高盐耐受涉及多个生理过程，如信号转

---

① Forsthoefel, N. R., Cushman, M. A. F., Cushman, J. C., Posttranscriptional and posttranslational control of enolase expression in the facultative crassulacean acid metabolism plant Mesembryanthemum crystallinum L. Plant Physiol. 1995, 108: 1185-1195.

② Lee, H., Guo, Y., Ohta, M., et al., LOS2, a genetic locus required for cold-responsive gene transcription encodes a bi-functional enolase. EMBO J. 2002, 21: 2692-2702.

③ Hirayama, T. and Oka, A., Novel protein kinase of Arabidopsis thaliana (APK1) that phosphorylates tyrosine, serine and threonine. Plant Mol. Biol. 1992, 20, 653-662.

④ Kang, H. A., Schwelberger, H. G., Hershey, J. W. B., Translation initiation factor eIF-5A, the hypusine-containing protein, is phosphorylated on serine in saccharomyces cereuisiae. J. Biol. Chem. 1993, 268, 14750-14756.

导、ROS 清除、能量和代谢途径等。本研究结果表明，磷酸化是植物应对高盐胁迫时广泛采用的调控机制。本研究也为盐芥耐受高盐胁迫机制的研究开辟了新的视野，为进一步深入研究盐芥耐受高盐胁迫机制奠定了基础。

第四章　盐芥根响应高盐胁迫的基因差异表达分析

根部是植物最早感受高盐胁迫的部位，也是阻挡高盐进入和通过离子泵排除过多的钠离子的重要部位。为了解盐芥根在短期高盐胁迫后的基因表达情况，本研究对高盐胁迫的盐芥根组织进行了基因差异表达分析。本研究一方面可以发现更多的高盐响应基因，还可以弥补以前进行的高盐胁迫的比较蛋白质组学研究的不足，即找到更多的低拷贝数的调节基因，如信号转导相关分子和转录因子基因，同时本研究还能进一步验证蛋白质组筛选的结果。

目前，基因差异表达分析方法主要有 mRNA 差异显示技术（mRNA Differential Display PCR，DDRT-PCR）、代表性差异分析技术（（Representational Difference Analysis，RDA）、基因表达系列分析技术（Serial Analysis of GeneExpresslon，SAGE）、cDNA 微阵列技术（cDNA microarray）和抑制消减杂交技术。其中，抑制消减杂交技术将传统的消减杂交方法与抑制 PCR 相结合，比较 2 个组织或者细胞的 mRNA，可以获得差异表达的基因克隆，检测方法成熟、灵敏，在基因差异表达分析领域中得到了广泛应用。有鉴于此，本研究使用了 Clontech 公司的 SSH 试剂盒分析盐芥响应高盐胁迫的差异表达基因。

已经有几个实验室使用拟南芥基因芯片对盐芥进行了高盐胁迫的差异表达基因。虽然拟南芥与盐芥的基因同源性比较高，但是毕竟是两个物种，拟南芥基因芯片在盐芥遗传学研究方面的应用只能是一个初步尝试。加拿大的一个实验室使用盐芥 cDNA 基因芯片研究了盐芥在高盐、低温和干旱胁迫下的表达情况，但是该芯片代表的基因数量有限，仅 3628 个基因。该实验室还对盐芥进行了 SSH 分析，但是只分析了植物的地上部分的 mRNA，没有分析在高盐耐受中起重要作用的根部。根据以上情况，本研究对水培盐芥的根部进行了响应短期高盐胁迫的 SSH 分析。

由于以前进行的基因芯片分析，以及本实验室进行的蛋白质组学分析都是根据同源性来确定基因和蛋白的身份，所以盐芥中可能存在的一些独特的抗逆基因会被漏掉。本 SSH 分析则可以弥补以往研究的这一“盲点”，为盐芥抗逆基因的筛选提供更多的候选基因，为盐芥抗逆分子机理的研究提供更宽广的视野。

4.1 材料和方法

4.1.1 植物材料与胁迫处理

盐芥在 MS 培养基上萌发 1 周后，转移到水培条件下种植，即植物在有孔的浮子上生长，液体培养基采用 1/2 Hoagland 培养液，每 3—4 天浇灌一次。植物生长至萌发后 5—6 周，开始施加高盐胁迫。处理组直接在培养液中加入 300mM 的 NaCl。胁迫后 6 小时和 1 天后取根组织，液氮速冻后置-70℃备用。正常生长的植物作为对照。

4.1.2　cDNA 合成和纯化

取 100mg 根，按照如下提取方法提取总 RNA。

RNA 提取

（1）裂解：取 100mg 叶片，液氮研磨后转入 2 ml 的离心管中，加入 1 ml TRIzol 在 15—30℃ 下温浴 5 分钟（充分裂解核蛋白复合体）。

（2）抽提蛋白：每 1ml TRIzol（购于 invitrogen 公司）溶液中加入 0.2 ml 氯仿，剧烈震荡 15 秒，在 15—30℃ 下温浴 2—3 分钟，4℃ 下 12000g 离心 15 分钟（离心后，溶液分为三相：红色的酚仿相、中间相、有色的上层液相，液相约占总体积的 60%，RNA 只存在于液相中）。

（3）沉淀 RNA：将上层液相转入另一支离心管中，每 1ml TRIzol 溶液中加入 0.5ml 异丙醇在 15—30℃ 下温浴 10 分钟，4℃ 下 12000g 离心 10 分钟。RNA 被沉淀于管底。

（4）洗 RNA：移去上清液，每 1ml TRIzol 溶液加入 1ml75% 乙醇，蜗旋混匀，4℃ 下 7500g 离心 5 分钟。

（5）溶解 RNA：空气晾干 RNA，加入约 50μl 无 RNA 酶的水，用枪头来回吹吸几次，55—60℃ 温浴 10 分钟溶解。分装 5 份，储存于-70℃。

（6）浓度测定：取 2μl RNA，加入 DEPC 水至 100ul（稀释 50 倍），在分光光度计下测定 OD 值，OD_{260}/OD_{280} 约 1.8。核酸在 260nm 处存在最大光吸收峰，因此：

浓度：μg/ul =（OD 值×稀释倍数×40）/1000

260nm 处 1 个 OD 值相当于 40μg/ml RNA。

然后用 NucleoTrap mRNA Mini kit 纯化 mRNA，纯化试剂盒购于德国 MACHEREY-NAGEL GmbH & Co. KG，按照试剂盒说

明书进行：

（1）向总 RNA 溶液中加入等体积的 M0 溶液。

（2）蜗旋均匀化 oligo（dT）珠，每 100μl 总 RNA 加入 15μl 硅胶珠，混合均匀，68℃ 5 分钟，然后室温 10 分钟（期间每 2 分钟颠倒管子一次）。2000g 离心 15 秒，然后在微量离心管中 11000g 离心 2 分钟。

（3）洗涤：

第一次洗涤（去除 DNA 以及 rRNA 污染）：弃上清，用 600ul 洗液 RM2 上下吹打以及蜗旋来溶解沉淀，直到溶液呈现乳白色，将液体转移到 NucleoTrap 柱子中，2000g 离心 15 秒，11000g 离心 2 分钟，弃溶液，硅胶珠留在了柱芯上。

第二次洗（去除核糖体 RNA）：向柱芯中加入 500μl 洗液 RM3，仔细上下吹打悬浮硅胶珠，2000g 离心 15 秒，11000g 离心 2 分钟，弃流出的溶液。

第三次洗涤（去除残留的洗液 RM2）：加入 500ul 洗液 RM3 到柱芯的硅胶珠上，仔细上下吹打悬浮硅胶珠，2000g 离心 15 秒，11000g 离心 2 分钟，弃流出的溶液。

（4）干燥 oligoT 硅胶珠：11000g 离心 1 分钟，以完全去除洗液，将 NucleoTrap 柱子放入一支干净的无 RNA 酶的 1. 5ml 离心管中。

（5）洗脱 mRNA：每 10ul oligoT 硅胶珠加入 20μl 预热 68 度的无 RNA 酶水，上下吹吸混匀（至液体呈现乳状），盖上盖子 68 度温浴 7 分钟，11000g 离心 1 分钟，收集洗脱液。-70℃保存。

cDNA 双链合成使用 Clontech PCR-Select（ cDNA Subtraction Kit 自带的部分（购于 Clontech 公司），按照试剂盒说明书进行：

第一链合成，向 0. 2ml PCR 小管中加入以下体系：

polyA RNA（2μg）　　4μl（2μg）

cDNA 合成引物（10mM）

运行以下程序：

（1）在 PCR 仪中，70℃温育两分钟；

（2）冰上冷却两分钟；

（3）短暂离心。

然后，每反应管加入下列成分：

5×第一链缓冲液	2μl
dNTP Mix（10mM each）	1μl
MMLV 反转录酶（200u/μl）	1μl
RNase free 无菌水	1μl

运行以下程序：

（1）轻轻振荡，短暂离心；

（2）42℃，空气孵箱中 1.5h；

（3）反应管置冰上以终止第一链合成。

在第一链合成管中（含 10μl）加入预先冰上冷却的下列成分：

RNase free 无菌水	48.4μl
5×第二链合成缓冲液	16.0μl
dNTP Mix（10mM）	1.6μl
20×第二链酶混合物	4.0μl

运行以下程序：

（1）混匀并短暂离心，终体积应为 80μl；

（2）16℃（水浴或 PCR 仪）孵育 2 小时；

（3）加入 2μl（6u）T4 DNA 多聚酶，混匀；

（4）16℃孵育 30 分钟（水浴或 PCR 仪）；

（5）加入 4μl 20×EDTA/glycogen 混合物以终止第二链合成。

然后纯化 cDNA 双链，纯化方法同 3.2.1，测 OD 值确定 cDNA 的浓度，在 1×TAE 中电泳观察带型，并把处理和对照的浓度都调整至 360ng/μl。

4.1.3 抑制消减杂交

按照产品说明书进行。

4.1.4 制备消减杂交文库

取 5ul 纯化的巢式 PCR 产物（200ng），连入 pMD18 - T（50ng）载体中，转入大肠杆菌感受态细胞中，通过蓝/白斑筛选阳性克隆。挑取白色单斑于 5ml LB 液体培养基的试管中，培养 2 小时，分别取 1μl 菌液进行菌落 PCR 鉴定插入序列（PCR 体系及 PCR 程序同巢式 PCR 的第二轮 PCR），然后 37℃培养过夜，加入 15%甘油，编号，-80℃保存。

4.1.5 EST 测序和序列分析

随机挑取约 700 个克隆，提取质粒，进行琼脂糖电泳（图 4-1），从其中选出 450 个分子量大于 250bp 的克隆，送北京华大基因研究中心进行单向测序。

序列分析：先根据 SSH 接头的序列，确定 EST 序列中克隆载体上的部分，去除克隆载体序列，得到修剪好的盐芥 EST 序列。然后利用 WUBLAST 的 BLASTX 功能搜索与盐芥 EST 序列同源性最高的植物蛋白，并参照拟南芥网站的基因注释对全部 EST 进行功能分类。

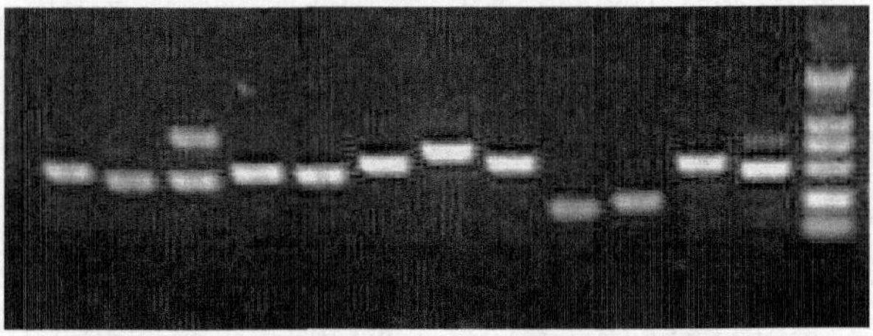

图 4-1　菌落 PCR 检测电泳图

注：最右侧泳道为 Marker。

4.2　结　果

4.2.1　短期高盐胁迫的 EST 文库的构建和序列分析

为了筛选鉴定盐芥根部在高盐胁迫信号感受和传导、离子平衡和 ROS 清除中起重要作用的基因，本研究以正常条件生长的盐芥根 cDNA 为 driver，以受到 6 小时和 1 天高盐胁迫的盐芥根混合 cDNA 为 testor，富集并分离了盐芥根短期高盐胁迫后新表达的或者上调的基因，构建了短期高盐胁迫的盐芥根 SSH 文库。序列测定后，经过修剪的 EST 片段的平均长度为 430bp。

经过修剪得到有效的 EST 序列 352 个，代表 242 个单基因。经过 BLASTX 比对，发现与拟南芥的同缘性最高，85%的 EST 序列 BLASTX 得到的植物蛋白质均为拟南芥蛋白。

4.2.2　EST 序列的功能分类分析

依据与 EST 序列同源性最高的拟南芥基因的功能分类情况

(www. arabidopsis. org)，全部 EST 可以分为几大类：防御（包括自由基清除）、蛋白翻译、信号转导、离子平衡、物质代谢、蛋白折叠和降解、能量途径、转录、物质转运、细胞结构、转座子以及功能未分类蛋白（见图 4-2）。

数量最高的前 7 类分别为：（1）功能未分类蛋白；（2）防御相关蛋白；（3）翻译相关蛋白；（4）信号转导相关蛋白；（5）离子平衡相关蛋白；（6）物质代谢相关蛋白；（7）蛋白折叠和降解相关蛋白。

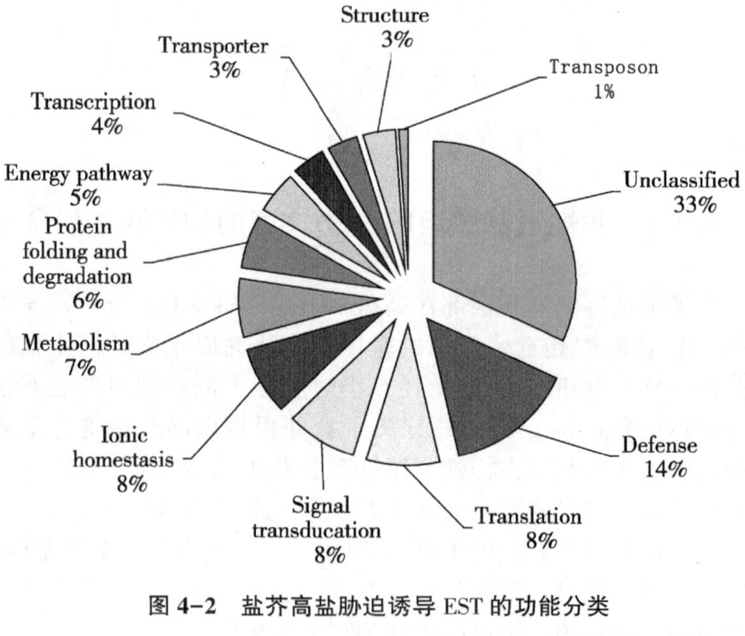

图 4-2　盐芥高盐胁迫诱导 EST 的功能分类

从 EST 的分类情况可以了解盐芥根对高盐胁迫的应答涉及多个细胞生理过程，包括信号转导、自由基清除、离子和其他物质转运、蛋白合成、折叠和降解、转录调节、物质代谢和能量合成。表 4-1

列出了推测与高盐胁迫耐受有关的部分 EST 的简要检索结果

表 4-1　推测与高盐胁迫耐受有关的部分 EST 的简要检索结果

功能类别	基因名称	同源性最高的拟南芥基因座位号
自由基清除相关	Glutathione S-transferase 16（GST class phi）	At2g02930
	glutathione S-transferase	At2g30860
	peroxidase	At3g32980
	Peroxidase P7（TP7）Atperox P52	At5g05340
	PEROXIREDOXIN IIF	At3g06050
胁迫响应基因	dehydration-induced protein（ERD15）	At2g41430
	dehydration-responsive protein-related	At2g03480
	dehydrin（COR47）	At1g20440
防御相关	NBS-LRR-like resistance protein	At4g19500
	putative beta - glucosidase PEN2（PENETRATION 2）	At2g44490
	osmotin precursor	At4g11650
	UVB-resistance protein-like	At5g16040
	universal stress protein（USP）family protein	At3g11930
	protease inhibitor/seed storage/lipid transfer protein（LTP）family protein AIR1（Auxin-Induced in Root cultures 1）	At4g12550
	SUBL _ ARATH Subtilisin - like protease precursor（Cucumisin-like serine protease）	At5g67360

续表

功能类别	基因名称	同源性最高的拟南芥基因座位号
离子和其他物质转运	H^+-exporting ATPase	At2g18960
	putative Na+/H+-exchanging protein	At4g23700
	putative plasma membrane proton ATPase (PMA)	At2g18960
	H^+-transporting ATP synthase beta chain (mitochondrial) -like protein	At5g08670
	AVP3_ ARATH Pyrophosphate-energized vacuolar membrane proton pump (Pyrophosphate-energized inorganic pyrophosphatase) (H^+-PPase)	At1g15690
	putative cyclic nucleotide - regulated ion channel, ATCNGC1	At5g53130
	Probable cyclic nucleotide-gated ion channel 6 (AtCNGC6)	At2g23980
	putative potassium/proton antiporter	At2g19600
	two-pore calcium channel (TPC1)	At4g03560
	mechanosensitive ion channel domain-containing protein / MS ion channel domain - containing protein	At1g15690
	putative ABC transporter protein Cd transporter	At1g59870
	putative endosomal protein	At2g01970
	proton-dependent oligopeptide transport (POT) family protein	At1g32450
	ATPUP19	At1g47603
	probable plasma membrane intrinsic protein 1c	At4g00430
	plasma membrane intrinsic protein 1A (PIP1 A) / aquaporin PIP1. 1 (PIP1. 1) (AQ1)	At3g61430

续表

功能类别	基因名称	同源性最高的拟南芥基因座位号
	putative amino acid or GABA permease	At2g01170
	AF337954_ 1 aberrant lateral root formation 5	At3g23560
	phosphate transporter, putative (PHO1)	At3g23430
	lysine and histidine specific transporter, putative	At5g40780
信号转导	putative protein phosphatase 2C	At2g33700
	phosphatidylinositol 4-kinase	At1g49340
	mitogen-activated protein kinase 3	At3g45640
	leucine - rich repeat transmembrane protein kinase, putative	At5g61480
	similar to ADP-ribosylation factor	At1g10630
	receptor protein kinase like protein	At5g65700
	histidine kinase 1	At2g17820
	phospholipase D	At3g15730
	CLE20, putative	At1g05065
	calmodulin-like calcium-binding protein, 22 kDa (CaBP-22)	At2g41090

续表

功能类别	基因名称	同源性最高的拟南芥基因座位号
转录调控	myb family transcription factor（MYB45）	At3g48920
	putative SNF2 subfamily ATPase	At2g46020
	zinc finger（CCCH-type）family protein / RNA recognition motif（RRM）-containing protein	At3g51950
	CORONA	At1g52150
	ATAF1（Arabidopsis NAC domain containing protein 2）	At1g01720
	At3g13000	At3g13000
	enolase	At2g36530
RNA 加工	transformer serine/arginine-rich ribonucleoprotein	At1g07350
	PTBP3_ ARATH Polypyrimidine tract-binding protein homolog 3	At1g43190
蛋白合成	elongation factor 1-alpha	At1g07920
	elongation factor 1B-gamma, putative / eEF-1B gamma, putative	At1g09640
	eukaryotic translation initiation factor 1A, putative / eIF-1A, putative / eIF-4C, putative	At2g04520
	elongation factor Tu / EF-Tu（TUFA）	At4g20360
	40S ribosomal protein S11（RPS11B）	At4g30800
	60S ribosomal protein L35a	At1g07070
	50S ribosomal protein L3	At2g43030

续表

功能类别	基因名称	同源性最高的拟南芥基因座位号
蛋白折叠和蛋白降解	heat shock protein 101	At1g74310
	putative heat shock protein 90	At5g56010
	heat shock cognate 70 kDa protein 3	At3g09440
	HSP100/ClpB，putative	At5g15450
	similar to chaperonin containing TCP-1 complex gamma chain	At5g26360
	ATCUL1（CULLIN 1）	At4g02570
	FKB70 _ ARATH 70 kDa peptidylprolyl isomerase（Peptidyl-prolyl cis-trans isomerase）（PPIase）（Rotamase）（Peptidylprolyl isomerase ROF1）	At3g25230
	Calnexin homolog 1 precursor	At5g61790
	CRT1（CALRETICULIN 1）	At1g56340
	ubiquitin-like protein	At2g17190
	UBQ11（UBIQUITIN 11）；protein binding	At4g05050

4.3　讨　论

4.3.1　与盐芥其他 EST 的比较

山东大学和加拿大 Waterloo 大学的实验室已经分别构建了山

东生态型和 YuKon 生态型的盐胁迫的 EST 文库，Waterloo 大学的实验室还构建了一些 SSH 文库，但是他们使用的都是盐芥的地上部分，或者叶片，而没有使用根作实验材料。考虑到植物的根系是植物最早感受高盐胁迫的器官，也是高盐胁迫作用最大的器官之一，以根作为研究对象的 SSH 分析应该能够更好地揭示盐芥耐受高盐胁迫的分子机理。

本研究得到的 EST 库与山东大学相比，有一些不同。最明显的就是本研究得到的 EST 库中，与离子等小分子转运相关的基因比重比较大，达到了 11%，而这个比例在山东大学的 EST 文库中为 8%。

4.3.2 盐芥根对高盐胁迫的感受、信号转导和基因调控

从盐芥高盐胁迫的 EST 文库的功能分类可以看出，涉及多种逆境耐受相关生理过程的基因被诱导增强，包括胁迫信号的感受、传导，植物响应高盐胁迫的各种适应性变化，包括自由基的清除、离子平衡，细胞内物质转运，以及转录和转录后水平的调控、能量和物质代谢的调整。可以看出，盐芥根对高盐胁迫的响应涉及一个由多种生理代谢途径协同作用的分子调控网络。

植物可以感受高盐胁迫信号，并将信号逐级放大传递到各亚细胞结构，通过对基因表达和蛋白数量、活性和位置的调控，来适应胁迫环境。在本研究得到的 EST 中，有些具有胁迫感受和信号转导功能，如 histidine kinase 1（ATHK1）、磷脂酶 D（phospholipase D，PLD）、蛋白磷酸酶 2C（protein phosphatases 2C，PP2C）、促细胞分裂原活化蛋白激酶 3（MAPK3）、Phosphatidylinositol 4-kinase、ADP-核糖基化因子（ADP-ribosylation factor 1, ARF1)、calmodulin - like calcium - binding protein, 22 kDa (CaBP - 22)、dehydration - induced protein (ERD15) 等。ATHK1 被证明是一个渗透胁迫的感受器 (osmosensor)①，其突变体内很多胁迫相关基因组成型表达，植物生长缓慢，显示出较高的抗逆能力。同时，AHK1 还是干旱、高盐胁迫以及 ABA 信号通路的一个正调控因子，它作用于 AREB1，ANAC 和 DREB2A 等转录因子的上游，调节依赖 ABA 和不依赖 ABA 的胁迫信号通路②。MAPK3 是一种重要的蛋白激酶，能够被包括渗透、高盐、氧化等多种胁迫诱导上调③，它被报道介导 ABA 信号通路④，也参与 Jasmonate 信号通路⑤。PLD 能够裂解磷脂分子生成一种磷脂酸 (phosphatidic acid, PA)，在植物信号传导中发挥重要作用。PLD 是 ABA 信号通路的一个正调控因子⑥，在高盐胁迫下，

---

① Urao, T., Yakubov, B., Satoh, R., Yamaguchi - Shinozaki K., Seki M., Hirayama T., Shinozaki K., Plant Cell 1999, 11: 1743-1754.

② Tran, L. S., Urao, T., Qin, F., et al., Functional analysis of AHK1/ATHK1 and cytokinin receptor histidine kinases in response to abscisic acid, drought, and salt stress in Arabidopsis. Proc. Natl. Acad. Sci. U S A. 2007, 104 (51): 20623-20628.

③ Droillard, M., Boudsocq, M., Barbier-Brygoo, H., et al., Different protein kinase families are activated by osmotic stresses in Arabidopsis thaliana cell suspensions. Involvement of the MAP kinases AtMPK3 and AtMPK6. FEBS lett. 2002, 527 (1-3): 43-50.

④ Lu, C., Han, M. H., Guevara - Garcia, A., et al., Mitogen - activated protein kinase signaling in postgermination arrest of development by abscisic acid. Natl Acad Sci U S A. 2002, 99 (24): 15812-15817.

⑤ Takahashi, F., Yoshida, R., Ichimura, K., et al., The MAP kinase cascade MKK3-MPK6 is an important part of the jasmonate signal transduction pathway in Arabidopsis. 18TH INTERNATIONAL CONFERENCE ON ARABIDOPSIS RESEARCH 2007.

⑥ Mishra, G., Zhang, W., Deng, F., et al., A bifurcating pathway directs abscisic acid effects on stomatal closure and opening in Arabidopsis. Science 2006, 312 (5771): 264-266.

升高的 ABA 激活 PLD，导致 PA 水平增加①。PA 不仅是许多脂类分子合成的前体，也是一种重要的信号分子，能够调控小 G 蛋白、蛋白激酶如磷脂酶 C（PLC）、MAPK、ARF 等的活性。PA 参与 ABA 信号通路，能够抑制 ABI1，一种 PP2C 的活性来增强 ABA 信号通路下游基因的表达②。而 PP2C 可以灭活 MAPK③，从而调整 MAPK 级联信号通路控制的胁迫响应基因。ARF1 是 Ras 基因超家族的成员，在囊泡转运中起着重要作用。研究表明植物 ARF1 在细胞极性形成和根毛生长中发挥作用，而且有证据提示 ARF1 影响根生毛（trichoblast）细胞中生长素的流入流出④。

在盐芥根中，对高盐胁迫的反应也是被精确调节的，不能响应过度。在本研究中 PP2C 和 ERD15 可能就在执行这样的反馈调节作用。最近一项研究表明，ERD15 被非生物胁迫诱导，同时又是 ABA 信号通路的负调控因子⑤。

植物对高盐胁迫的反应表现在基因转录调控、转录后调控、翻译和翻译后调控等多个层次。本研究得到的 EST 中，有多个基因涉及基因的转录调控，如：myb 家族转录因子（MYB45）、

---

① Ryu, S. B., Wang, X. M., Expression of phospholipase D during caster bean leaf senescence. Plant Physiol. 1995, 108: 713-719.

② Zhang, W., Qin, C., Zhao, J., et al., Phospholipase D 1-derived phosphatidic acid interacts with ABI1 phosphatase 2C and regulates abscisic acid signaling. Proc. Natl. Acad. Sci. U S A. 2004, 101 (25): 9508-9513.

③ Meskiene, I., Baudouin, E., Schweighofer, A., et al., Stress-induced protein phosphatase 2C is a negative regulator of a mitogen-activated protein kinase. J. Biol. Chem. 2003, 278: 18945-18952.

④ Xu, J., and Scheres, B., Dissection of Arabidopsis ADP-RIBOSYLATION FACTOR 1 Function in Epidermal Cell Polarity. Plant Cell, 2005, 17: 525-536.

⑤ Kariola, T., Brader, G., Helenius, E., et al., EARLY RESPONSIVE TO DEHYDRATION 15-a negative regulator of ABA-responses in Arabidopsis. Plant Physiol. 2006, 142 (4): 1559-1573.

SNF2 亚家族 ATPase、CORONA 和 zinc finger（C2H2 type）家族蛋白等；涉及转录后调控机制，如与 RNA 有关的有：PTBP3_ARATH Polypyrimidine tract - binding protein homolog 3 和 transformer serine/arginine-rich ribonucleoprotein 等；参与蛋白质翻译的 EST 数量比较多，包括翻译起始因子 eIF1A 和 eIF4，翻译延伸因子 eEF-1alpha 和 eEF-1B gamma 等，以及一些核糖体蛋白质，如 L18A、L30-2、S19、S8-1 等；参与翻译后蛋白折叠和降解的 EST 包括 HSP100、HSP90、HSP70 - G7、ATCUL1（CULLIN 1）、CALRETICULIN、UBQ11、ubiquitin - like protein 等。

高盐胁迫引起的一系列细胞内信号最终导致适应性变化的发生。从 EST 的功能分类可以看出盐芥根耐受高盐胁迫的生理机制包括：（1）ROS 清除系统的增强，以维持细胞的氧化还原稳态（redox homeostasis）；（2）相关离子泵基因的表达增强，以维持细胞的离子和渗透稳态（ion and osmolyte homeostasis）；（3）能量合成途径的调整，以满足 ROS 清除、离子运送和新蛋白合成的需要；（4）其他相关物质代谢的调整。

盐芥根高盐胁迫的 EST 分析显示，盐芥的高盐适应涉及一个由胁迫信号感受到信号转导，最后到细胞内多个生理过程的适应性的一个整体网络（见图 4-3）。

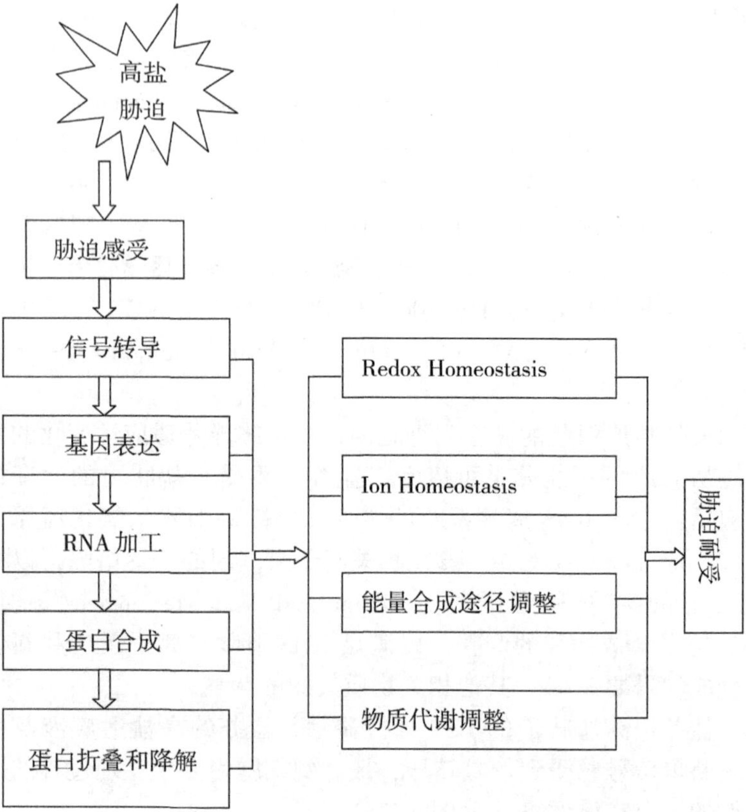

图 4-3　盐芥的高盐胁迫适应的网络调控示意图

4.3.3　根功能的维持参与盐芥根对高盐胁迫的耐受

高盐对根造成了渗透胁迫、离子胁迫和氧化胁迫等多方面的毒害，影响了根系的生长发育。作为耐盐能力较高的一种植物，盐芥发展了一些机制来应对这些威胁。分析在本研究得到的 EST 有助于揭示这些高盐胁迫耐受机制。

高盐胁迫所致的渗透胁迫降低了环境水势，造成了根细胞内的钠离子和氯离子水平上升，除了对植物的离子毒害以外，还严重影响了植物根系对于水分的吸收，并进一步影响了植物对于土壤养分的吸收。为了应对这些威胁，盐芥首先通过积累有机酸、自由氨基酸和可溶性糖，而不是脯氨酸来降低根水势①。在本研究得到的 EST 中，branched-chain alpha keto-acid dehydrogenase E1 alpha subunit、2-isopropylmalate synthase、glycosyl transferase family 8 protein、aspartate aminotransferase 等能帮助根积累渗透质。putative permease 1（At5g62890）与有机酸的吸收有关。本研究得到的 EST 中没有发现脯氨酸合成基因，如 P5CS 等。本研究发现 plasma membrane intrinsic protein 1c（At4g00430）和 plasma membrane intrinsic protein 1A（PIP1A）（AT3g61430）水通道蛋白表达增强，这可以帮助盐芥维持对于水分的吸收；lysine and histidine specific transporter（AT5G40780）、氨基酸透性酶家族蛋白（At2g01170）与根细胞对氨基酸的吸收有关，putative permease 1（At5g62890）与有机酸的吸收有关。这些基因的上调有助于维持植物对于土壤养分的正常吸收。

单纯的降低细胞水势并不能完全消除渗透胁迫的危害，根细胞还需要通过调整细胞壁，使细胞膨大，降低膨压，来应对这种胁迫。本研究得到的 EST 中有 4 个细胞壁结构相关基因，它们分别是：putative proline-rich protein（At1g28290），可逆糖基化肽 reversibly glycosylated polypeptide-2（AtRGB）（AT5g15650），cell wall invertase（AT3G13790）和 proline-rich extensin-like family protein（AT1G21310）。其中，可逆糖基化肽已被本研究证明在叶片中响应高盐和低温胁迫。

---

① 刘爱荣、赵可夫：《盐胁迫下盐芥渗透调节物质的积累及其渗透调节作用》，载《植物生理与分子生物学学报》2005 年第 4 期，第 389-395 页。

应对高盐胁迫所致离子毒害和氧化毒害，盐芥相应上调了一些离子通道基因和 ROS 清除系统的蛋白（见表 5-1）。在本研究得到的 EST 中，alkyl hydroperoxide reductase/thiol specific antioxidant（AhpC/TSA）/mal allergen family protein（AT3g06050）是一个定位于线粒体基质的 peroxiredoxin，其丧失功能的 *Arabidopsis* 突变体严重影响根的生长①。其他离子通道基因和抗氧化酶类分子在盐芥耐受高盐胁迫中的作用还有待进一步研究。

4.3.4 生长素介导的信号通路参与盐芥根对高盐胁迫的耐受

高盐胁迫抑制植物根系的生长。本实验室的研究表明（数据未列出），与拟南芥相比，在相同程度的盐胁迫下，盐芥的主根和侧根的生长抑制率明显较低。这说明高盐胁迫下盐芥根部可能启动了一些特异的机制，来维持根系的生长。从本研究得到的 EST 中可能能够找到一些线索。

本研究发现一些响应生长素的与根系生长相关的基因表达被高盐胁迫诱导。如 protease inhibitor/seed storage/lipid transfer protein（LTP）family protein AIR1（Auxin-Induced in Root cultures 1），（AT4G12550）和 SUBL_ ARATH Subtilisin-like protease precursor（Cucumisin-like serine protease）， （At5g67360）以及 aberrant lateral root formation 5（AT3G23560），这 3 个基因都参与生长素引起的侧根形成。这也提示高盐胁迫下的盐芥增加了根部的生长素。同时，本研究发现有一些与根顶端分生组织分化发育

---

① Finkemeier, I. , Goodman, M. , Lamkemeyer, P. , et al. , The mitochondrial mype II Peroxiredoxin F Is essential for redox homeostasis and root Growth of Arabidopsis thaliana under Stress, J. Biol. Chem. 2005, 280, (13): 12168-12180.

相关的转录因子，如 transcription regulatory protein SNF2 （AT2G46020）和 CORONA（At1g52150）。其中，transcription regulatory protein SNF2 是一种 chromatin remodeling ATPases，其突变体的根生长严重受到抑制。

生长素主要在植物茎尖合成，根内的生长素主要来自地上部分，但同时植物根也能合成一部分生长素，特别是在主根顶端组织和生长中的侧根根尖，不依赖色氨酸的生长素合成比较活跃[①]。本研究发现了两个参与不依赖色氨酸的生长素合成途径的酶，分别是 nitrilase 1 和 cytochrome P450 monooxygenase。

本研究还发现了生长素信号通路的一些重要成员。其中 AT-CUL1（CULLIN 1）是 SCF ubiquitin ligase 复合物的组成部分，参与生长素和茉莉酸信号通路，其突变体中生长素的信号通路严重受损。还发现一个 NAC domain containing protein 蛋白。一种 NAC 蛋白，NAC1 被报道受生长素的诱导，并介导生长素引起的侧根形成[②]。

总的来说，本研究通过建立盐芥响应高盐胁迫的 EST 文库，得到了一批被高盐胁迫上调的基因，揭示了盐芥耐受高盐胁迫的部分的分子机制，描绘了盐芥高盐胁迫感受和信号转导的初步模型，提出高盐胁迫下盐芥根功能的有效维持的是其耐盐机制的重要部分。

---

① Ljung, K., Hull, A. K., Celenza, J., et al., Sites and regulation of auxin biosynthesis in Arabidopsis roots. Plant Cell, 2005, 17: 1090-1104.

② He, X. J., Mu, R. L., Cao, W. H., et al., Arabidopsis NAC1 transduces auxin signal downstream of TIR1 to promote lateral root development. Genes Dev. 2000, 14 (23): 3024-3036.

第五章　盐芥高盐响应基因 enolase 的克隆及初步分析

本文前期的磷酸化蛋白质组学研究工作表明：在高盐胁迫下，盐芥根蛋白质组有两个烯醇化酶（enolase）蛋白点发生磷酸化或磷酸化增强。SSH 结果提示，盐芥根 enolase 基因受高盐诱导上调。enolase 在转录水平和转录后水平上都响应高盐胁迫，这提示盐芥根 enolase 在盐芥非生物逆境耐受，特别是高盐耐受中，可能起着重要的作用。

Enolase 是糖酵解途径中的一个重要酶类，它能够催化磷酸甘油酸酯（2-PGA）生成磷酸烯醇丙酮酸酯（PEP）。很多物种的 enolase 已经被克隆，各物种之间的 enolase 的保守性比较强，提示 Enolase 是一个重要的糖酵解酶。近年来的研究表明，除了在糖酵解中发挥作用以外，Enolase 还具有一些其他的功能，如在植物中可以作为一个响应低温的转录因子，在酵母中被发现具有蛋白质折叠伴侣作用①。

在植物中，enolase 早就被发现能够应答各种非生物胁迫。拟南芥叶片 enolase 能响应低温胁迫，而对其他非生物胁迫无应答。冰叶日中花（*Mesembryanthemum crystallinum*）叶片和根

---

① Brandina, I., Graham, J., Lemaitre-Guillier, C., et al., Enolase takes part in a macromolecular complex associated to mitochondria in yeast. Biochim. Biophys. Acta 2006, 1757: 1217-1228.

enolase 基因表达和酶活性可被高盐、干旱和低温诱导，但是根中的 enolase 蛋白量却没有相应升高，这提示根 enolase 在胁迫下发生了蛋白质修饰。本实验室发现盐芥根 enolase 不但能够被高盐胁迫诱导表达，还能显示出磷酸化的增强。盐芥根 enolase 可能在转录水平和蛋白翻译后水平参与高盐耐受。本部分研究拟通过克隆和原核表达盐芥根 enolase 基因，初步探讨盐芥根 enolase 在盐芥耐受高盐、低温胁迫方面的功能。

5.1　材料与方法

5.1.1　RNA 提取和 cDNA 的合成

首先取正常生长和高盐胁迫的盐芥根组织，提取总 RNA。然后用 NucleoTrap mRNA Mini kit 纯化试剂盒 mRNA，最后使用试剂盒 TaKaRa RTase cDNA Synthesis Kit，按照试剂盒说明书进行 cDNA 合成。

5.1.2　3′RACE 获得基因全长

根据本实验室盐芥 SSH 研究发现的 enolase 序列和 NCBI 数据库中的 enolase EST 序列设计 3′RACE 特异引物：CTACCAGT-TCCTGCCTTCAATG。使用试剂盒 3′-Full RACE Core Set，按照厂家产品说明书进行 3′RACE。得到的 PCR 扩增产物克隆后送北京华大基因研究中心测序，然后将测序结果与 EST 序列拼接，得到盐芥 enolase 全长序列。

5.1.3　原核表达

5.1.3.1　引物设计

左侧引物为：CTGGATCCATGGCCACTATCACACA，右侧引物为：CTGTCGACGTCTCTCTAGTGAGGCTCGA。为了便于将目的基因克隆到表达载体上，在左、右侧引物中分别设计了 BamHI、SalI 酶切位点（以下划线表示）。以上引物由上海生工生物工程技术服务有限公司合成。

5.1.3.2　原核表达载体的构建

PCR 克隆全长，克隆 T 载体（pMD-18T）中，测序验证后，用 BamHI 和 SalI 双酶切载体 PGEX4T-3 和携带盐芥 enolase 的 pMD-18T，用琼脂糖胶分离 1350bp 左右的目的片断和载体，分别胶回收后进行连接反应，转化大肠杆菌 DH5α，达到转化菌后，再提取质粒，进行菌落 PCR 验证和 BamHI 和 SalI 双酶切验证。然后将携带盐芥 enolase 的表达质粒（PGEX4T-3-THenolase）转化大肠杆菌 BL21，达到转化菌后，再提取质粒进行菌落 PCR 验证、BamHI 和 SalI 双酶切验证和测序验证。

5.1.3.3　诱导表达

（1）预培养：分别挑取携带 PGEX4T-3 和 PGEX4T-3-THenolase 的单菌落，以及不携带质粒的 BL21 单菌落转接到含相应抗生素和 1%葡萄糖的 LB 液体培养基中，37℃震荡培养过夜；

（2）次日，将过夜培养的菌液接种于含相应抗生素和 1%葡萄糖的 LB 液体培养基中，37℃震荡培养至菌液 OD_{600} 达到 0.6—0.8；

（3）向菌液中加入 IPTG 至终浓度为 50μM，37℃继续震荡培养 4—5 小时；

（4）6000rpm 离心 10 分钟，弃去上清，SDS-PAGE 电泳检

测，或-20℃冻存菌体备用。

5.1.3.4　融合蛋白的亲和层析

按照摸好的诱导表达条件将菌体培养至 A_{600} 接近 0.6 时，用终浓度为 0.1 mM 的 IPTG 37℃诱导 4 小时，然后 6000g 离心 10 min 收获菌体，用超声波裂解后在 13000rpm 离心 30 min，取上清和沉淀，SDS-PAGE 电泳检测其中的融合蛋白含量。

5.1.3.5　包涵体的变性复性

将沉淀（包涵体）加入 15mL 溶解液（8M 尿素，50mM $NaHCO_3$，1mM EDTA，1mM DTT，pH：9.0），混合均匀，室温摇动 1 小时后，4℃，13000rpm 离心 15 分钟，将上清转移到透析袋内，多次更换透析液（第一次透析液：4M 尿素，50mM $NaHCO_3$，1mM EDTA，1mM DTT，pH：9.0；第二次透析液：2M 尿素，其他成分同第一次透析液；最后的透析液：无尿素，pH：8.3，其他成分同第一次透析液），最后得到复性后的融合蛋白。

5.1.3.6　融合蛋白的亲和层析

将融合蛋白溶液加样到 GST 亲和柱进行融合蛋白纯化。待总蛋白被充分吸附后用不小于 10 倍柱床体积的 PBS 缓冲液清洗亲和柱，至检测仪 280 nm 处的吸收值为 0 时停止。用 5 倍体积的洗脱缓冲液（10mM GSH 溶于 50mMTris-HCl8.0）洗脱结合物，得到融合蛋白。

5.1.4　生物信息学分析

蛋白质亲缘树分析使用 NCBI 网站 BLASTX 工具进行；蛋白质基本性质使用软件 Vector NTI 8.0 分析；核定位信号搜索使用 PredictNLS 在线工具（http：//cubic.bioc.columbia.edu/cgi/ var/nair/resonline.pl）；蛋白质亚细胞定位分析采用 WoLF PSORT 在

线工具（http://wolfpsort.org/）；蛋白质磷酸化预测使用 NetPhos 2.0（http://www.cbs.dtu.dk/services/NetPhos/）。

5.2 结果和分析

5.2.1 全长序列的克隆

将本实验室 SSH 得到的盐芥 enolase EST 序列和 NCBI 中盐芥 enolase EST 序列拼接起来，发现还需要进行 3′RACE 以得到全长编码区，为了得到盐芥 enolase 的基因全长，我们根据本实验室 SSH 得到的结果，以及 NCBI 中盐芥 enolase EST 序列，设计了 RACE 特异引物，进行了 RT-PCR，得到了 enolase 3′端的序列（见图 5-1）。

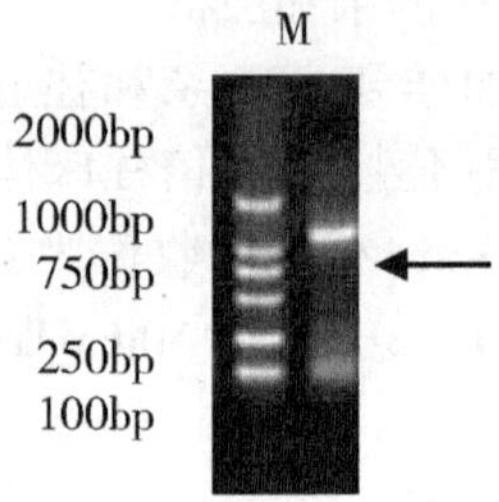

图 5-1 盐芥 enolase 3′RACE 产物电泳图

注：箭头所指示的条带为 3′RACE 产物，左侧条带为分子量 Marker，右侧为 RACE 产物。

3′RACE 产物克隆后测序，得到的序列与 EST 序列进行手工拼接，最后得到了盐芥 enolase 的序列全长（见图 5-2）。

5.2.2　生物信息学分析

使用 NCBI 的 BLASTX 程序进行盐芥 enolase 与其他物种 enolase 的蛋白同源性分析，发现盐芥与芜菁（*Brassica rapa*）、荠菜（Capsella bursa-pastoris）enolase 的蛋白同源性最高，达到 98%，与拟南芥、油菜同源性为 97%。与人类 enolase 1 同源性为 83%。图 5-3 是盐芥 enolase 的亲缘树分析图。

```
1       ATGGCCACTATCACACATGTGAAAGCTAGACAGATCTTCGACAGCCGTGGAAACCCCACCGTCGAGGTCGATGTCCACACATCCACCGGC
1        M  A  T  I  T  H  V  K  A  R  Q  I  F  D  S  R  G  N  P  T  V  E  V  D  V  H  T  S  T  G

91      GTGCAGGTCAGAGCTGCCGTTCCTAGTGGAGCCTCCACTGGAATCTATGAGGCCCTTGAGCTCAGGGATGGAGGATCTGACTACCTTGGA
31       V  Q  V  R  A  A  V  P  S  G  A  S  T  G  I  Y  E  A  L  E  L  R  D  G  G  S  D  Y  L  G

181     AAAGGTGTCTCAAAGGCTGTTGGAAATGTAAACTCAATCATTGGCCCAGCATTGATTGGCAAGGACCCTACTCAGCAGACTGCTATTGAC
61       K  G  V  S  K  A  V  G  N  V  N  S  I  I  G  P  A  L  I  G  K  D  P  T  Q  Q  T  A  I  D

271     AACTTCATGGTTCACGAACTTGATGGTACCCAAAATGAGTGGGGCTGGTGCAAGCAAAAGCTTGGAGCCAATGCTATTCTTGCTGTCTCT
91       N  F  M  V  H  E  L  D  G  T  Q  N  E  W  G  W  C  K  Q  K  L  G  A  N  A  I  L  A  V  S

361     CTTGCTGTTTGCAAAGCTGGCGCTGTTGTCAGTGGAATTCCTCTCTACAAGCATATTGCGAATCTTGCTGGTAACCCCAAGTTGGTGCTA
121      L  A  V  C  K  A  G  A  V  V  S  G  I  P  L  Y  K  H  I  A  N  L  A  G  N  P  K  L  V  L

451     CCAGTTCCTGCCTTCAATGTCATCAACGGCGGATCACATGCAGGAAACAAGCTTGCAATGCAGGAGTTCATGATTCTCCCTGTTGGAGCT
151      P  V  P  A  F  N  V  I  N  G  G  S  H  A  G  N  K  L  A  M  Q  E  F  M  I  L  P  V  G  A

541     TCATCTTTCAAGGAAGCCATGAAAATGGGTGTGGAAGTTTACCACAACTTGAAGTCTGTGATTAAGAAGAAGTACGGTCGGGATGCAACA
181      S  S  F  K  E  A  M  K  M  G  V  E  V  Y  H  N  L  K  S  V  I  K  K  K  Y  G  R  D  A  T

631     AACGTTGGTGATGAAGGTGGCTTCGCACCAAATATTCAGGAGAACAAGGAAGGTCTTGAATTGCTCAAGACTGCCATCGAGAAGGCGGGA
211      N  V  G  D  E  G  G  F  A  P  N  I  Q  E  N  K  E  G  L  E  L  L  K  T  A  I  E  K  A  G

721     TACACTGGCAAGGTTGTCATTGGAATGGATGTCGCTGCATCTGAGTTCTACTCGTCAGACAAGACCTACGACTTGAACTTCAAAGAAGAG
241      Y  T  G  K  V  V  I  G  M  D  V  A  A  S  E  F  Y  S  S  D  K  T  Y  D  L  N  F  K  E  E

811     AACAACAATGGTTCTGAGAAGATTTCTGGAGAAGCTCTCAAGGACCTCTACAAATCATTTGTTGCTGAGTACCCAATTGTATCCATTGAA
271      N  N  N  G  S  E  K  I  S  G  E  A  L  K  D  L  Y  K  S  F  V  A  E  Y  P  I  V  S  I  E

901     GACCCATTTGACCAAGACGACTGGGAGCACTATGCTAAAATGACCGGCGAGTGTGGCGAGAAAGTTCAGATTGTCGGTGATGATCTGTTA
301      D  P  F  D  Q  D  D  W  E  H  Y  A  K  M  T  G  E  C  G  E  K  V  Q  I  V  G  D  D  L  L

991     GTCACCAACCCCAAGAGGGTTGCCAAGGCGATCAGTGAAAAGTCTTGCAATGCTCTTCTTTTGAAGGTTAACCAAATCGGATCTGTAACT
331      V  T  N  P  K  R  V  A  K  A  I  S  E  K  S  C  N  A  L  L  L  K  V  N  Q  I  G  S  V  T

1081    GAGAGTATTGAGGCGGTTAAGATGTCAAAGAGAGCTGGTTGGGGAGTGATGGCTAGCCACCGTAGTGGAGAAACCGAGGACACCTTCATT
361      E  S  I  E  A  V  K  M  S  K  R  A  G  W  G  V  M  A  S  H  R  S  G  E  T  E  D  T  F  I

1171    GCCGATTTATCTGTCGGTTTGTCAACCGGTCAAATCAAGACCGGAGCTCCTTGCAGATCAGAGCGTCTTGCCAAATACAACCAGCTATTG
391      A  D  L  S  V  G  L  S  T  G  Q  I  K  T  G  A  P  C  R  S  E  R  L  A  K  Y  N  Q  L  L

1261    CGAATTGAGGAGGAGCTTGGAGCAGAGGCAGTGTATGCAGGAGCCAACTTCCGCACCCCAGTCGAGCCTTACTAG
421      R  I  E  E  E  L  G  A  E  A  V  Y  A  G  A  N  F  R  T  P  V  E  P  Y  *
```

图 5-2　盐芥 enolase 的全长核苷酸序列和蛋白序列

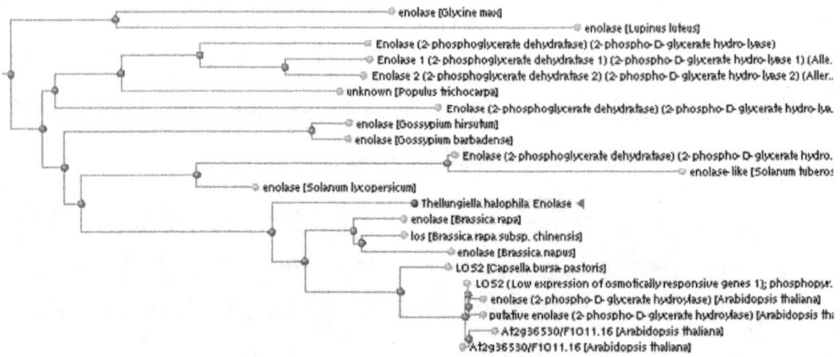

图 5-3 盐芥 enolase 的亲缘树分析

使用软件 Vector NTI 8.0 计算出盐芥 enolase 的分子量为 47663，等电点为 5.65。使用 PredictNLS 在线工具分析，确定盐芥 enolase 序列内没有典型的核定位信号。使用 WoLF PSORT 在线工具分析盐芥 enolase 定位于细胞质与细胞核内。对于拟南芥 enolase 的研究表明，拟南芥 enolase 定位于细胞质与细胞核内，而且其定位信号位于其氨基酸序列的羧基端。

使用 NetPhos 2.0 进行了蛋白质磷酸化预测。可能发生磷酸化的氨基酸位点有 20 个，其中丝氨酸的磷酸化可能性比较大。

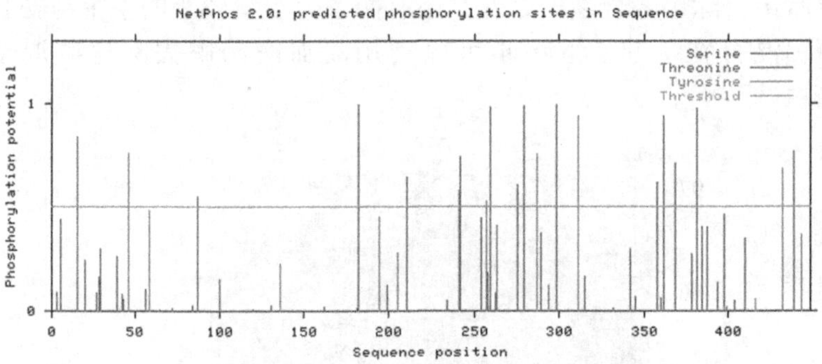

图 5-4 盐芥 enolase 蛋白磷酸化位点的预测

注：X 轴为氨基酸序列位置，Y 轴为磷酸化可能性分值，高于 0.5（水平横线处）的为磷酸化可能性较大的位点。

5.2.3 融合蛋白的表达和纯化

为了得到较多数量的 enolase 蛋白，为抗体制备和进一步蛋白功能分析提供材料，将盐芥 enolase 基因插入到原核表达载体 PGEX4T-3 中，进行了盐芥 enolase 的体外融合表达。SDS-PAGE 分析表明，IPTG 诱导后，在 70kDa 附近有明显的蛋白条带出现（见图 5-4 中的箭头所示），其分子量与 GST-enolase 融合蛋白的分子量（73kDa）基本相符。

收集菌体，超声破碎后，然后离心，取上清和沉淀用 SDS-PAGE 检查其融合蛋白含量，发现融合蛋白主要以包涵体的形式存在于沉淀中（见图 5-5 中第 4、5 泳道）。值得注意的是，仔细对比图 5-4 中第 4、5 泳道，发现 GST 蛋白几乎都存在于上清中，而融合蛋白几乎都存在于沉淀中，这样使得包涵体的分离变成了一步融合蛋白的富集，对下面的亲和层析纯化非常有利。

利用 GST 亲和层析纯化了融合蛋白（见图 5-6）。从图中可以看出，除了融合蛋白之外，还有两条分子量较小的条带与融合蛋白混合在一起。下一步可以利用凝血酶酶解去除这些混杂蛋白。

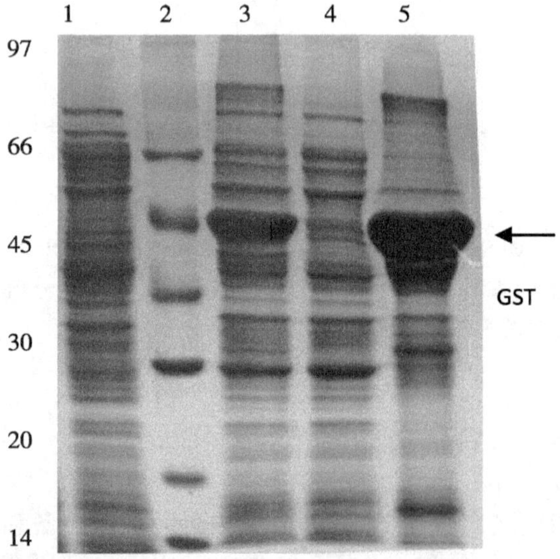

图 5-5 盐芥 enolase 的原核融合表达 SDS-PAGE 电泳结果

图中 2 泳道为蛋白分子量 Marker，分子量从上到下依次为，97，66，45，30，20，14，单位为 kDa，1，3 泳道分别为诱导前和诱导后的菌液 100℃ 10 分钟，再离心后取 5μl 上清。4、5 泳道分别为菌体超声后的上清和沉淀各 5μl。箭头指的是 GST-enolase 融合蛋白。GST 对应的蛋白条带被标出。

总之，盐芥 enolase 的融合表达和蛋白纯化的完成，为进一步研究 enolase 的磷酸化及其在逆境耐受中的作用奠定了坚实的基础。

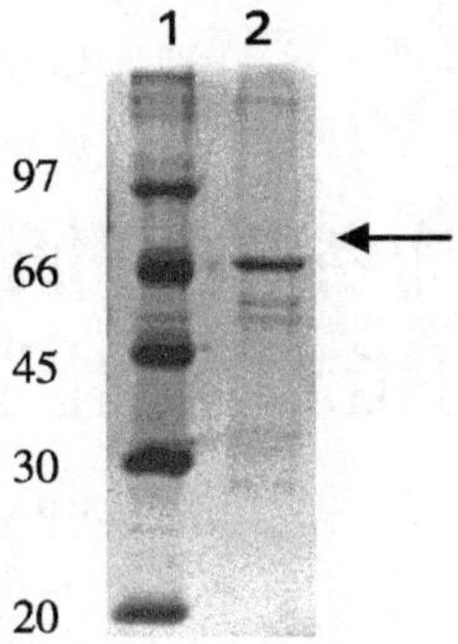

图 5-6　盐芥 enolase 融合蛋白的纯化

图中 1 泳道为蛋白分子量 Marker，分子量从上到下依次为，97，66，45，30，20，单位为 kDa，2 泳道洗脱下的 GST-enolase 融合蛋白 5μl。箭头指的是 GST-enolase 融合蛋白。

本研究成功地克隆了盐芥 enolase 基因，完成了原核表达和蛋白纯化。下一步需进行的工作为：（1）验证盐芥 enolase 在高盐胁迫下，能被盐芥根中的激酶磷酸化；（2）确定盐芥 enolase 的磷酸化位点；（3）研究盐芥 enolase 磷酸化对其转录因子活性的影响；（4）研究与盐芥 enolase 相互作用的蛋白质，特别是确定磷酸化 enolase 的激酶。

第六章　盐芥响应低温、干旱胁迫的蛋白质组学分析

植物经常遭受各种环境变化的胁迫。低温和干旱影响作物和野生植物的分布、生长和产量，是一种重要的非生物逆境。已进行了大量研究，以期阐述植物耐受低温和干旱胁迫的机理，这些研究大都以拟南芥和水稻为材料①。基因芯片已广泛用于研究植物在低温等胁迫下全部基因的表达情况，发现很多基因被胁迫诱导或抑制。这些结果为研究植物耐受和适应低温等胁迫提供了很多有用信息。

一般认为，由于转录后和翻译后调控机制的存在，基因在mRNA水平的表达情况与其蛋白水平的并不完全一致②。研究细胞或组织内全部蛋白的蛋白质组学技术，正在植物抗逆研究中发挥越来越重要的作用。已经研究了多种环境胁迫对于植物蛋白质组的影响，如高盐、干旱、重金属、缺氧等③；已经对多种植物

---

① Rabbani, M. A., Maruyama, K., Abe, H., et al., Monitoring expression profiles of rice genes under cold, drought, and high-salinity stresses and abscisic acid application using cDNA microarray and RNA get-blot analyses. Plant Physiol. 2003, 133: 1755-1767.

② Mackay, V. L., Li, X. H., Flory, M. R., et al., Gene expression analyzed by high-resolution state array analysis and quantitative proteomics. response of yeast to mating pheromone. Mol. Cell. Proteomics 2004, 3: 478-489.

③ Qureshi, M. I., Qadir, S., Zolla, L., Proteomics-based dissection of stress-responsive pathways in plants. J. Plant Physiol. 2007, 164 (10): 1239-1260.

组织和亚细胞结构进行了响应低温胁迫的蛋白质组学分析，包括拟南芥叶片、细胞核、细胞膜、叶绿体囊腔和基质、水稻叶片和花粉、麻、杨树、豌豆线粒体。通过蛋白质组学研究鉴定的差异表达蛋白不但包括许多公认的逆境响应蛋白，也发现一些新的低温响应蛋白。

盐芥是一种新的研究植物耐受非生物逆境机理的模型植物。它是拟南芥的近缘植物，但更能耐受低温胁迫，可在5℃/4℃的条件下完成生活周期①，同时也具有一定的耐受干旱能力。最近一项cDNA基因芯片研究鉴定出盐芥低温胁迫差异表达基因76个，干旱胁迫差异表达基因101个。但是，到目前为止，还没有对盐芥耐受低温和干旱的机制进行蛋白质组学研究。

本部分研究应用比较蛋白质组学技术研究了瞬时低温、短期低温、长期低温和干旱胁迫对盐芥叶片蛋白质组的影响，确定了66个低温胁迫差异表达蛋白和63个干旱胁迫差异表达蛋白，MS鉴定了50个低温响应蛋白，对这些低温响应蛋白在盐芥耐受低温胁迫中的作用进行了讨论。同时鉴定了9个干旱响应蛋白的身份。并综合比较了高盐、低温和干旱对盐芥叶片蛋白质组的影响。

---

① Griffith, M., Timonin, M., Wong, A. C. E., et al., Thellungiella: an Arabidopsis-related model plant adapted to cold temperatures. Plant Cell Environ. 2007, 30: 529-538.

6.1 材料与方法

6.1.1 植物材料与胁迫处理

盐芥（Thellungiella halophila，山东生态型）种植于温室中，温度为25℃，相对湿度为35%左右，长日照（16 h 光/8 h 暗），光照强度为330μmol/m^{-2}/s^{-1}。

长期高盐胁迫的胁迫条件：盐芥在MS培养基上萌发1周后，移栽到蛭石/珍珠岩（1：1）的培养基上，用1/2 Hoagland培养液每3—4天浇灌一次，生长3周后，开始进行盐胁迫。将300mM的NaCl溶于1/2 Hoagland培养液中，每3天浇灌一次。采用逐渐递增的方法施加盐胁迫，即从50mM开始，每天递增50mM，直至达到300mM。对照组用1/2 Hoagland培养液浇灌。300mM NaCl胁迫进行25天后取叶片，液氮速冻后置-70℃备用。

短期高盐胁迫的胁迫条件：盐芥在MS培养基上萌发1周后，转移到水培条件下种植，即植物在有孔的浮子上生长，液体培养基采用1/2 Hoagland培养液，每3—4天浇灌一次。植物生长至萌发后5—6周，开始施加高盐胁迫。处理组直接在培养液中加入300mM的NaCl。胁迫后分3个时间点取样，即6h、24h和72h。正常生长的植物作为对照。分别取处理组和对照组植物的叶片和根，液氮速冻后置-70℃备用。

6.1.2　生长和生理指标的测定

6.1.2.1　植物生长指标的测定

测定的植物生长指标有：根的长度，根的鲜重和干重，叶片的数量，叶的鲜重和干重。

6.1.2.2　叶片含水量的测定

取叶片称鲜重，然后将叶片在60℃干燥48小时，称干重。用以下公式计算：相对含水量=［（鲜重-干重）/鲜重］×100%。

6.1.2.3　相对电解质渗漏的测定

取100mg叶片，用去离子水清洗干净，置于装有10 ml ddH_2O的试管中，室温下孵育2h，然后测定溶液的电导率（C_1），然后将试管置于沸腾的水中加热15 min，等温度恢复到室温后，再次测定溶液的电导率（C_2）。用以下公式计算：REL= $C_1/C_2\times100\%$。

6.1.3　蛋白提取、定量和双向电泳

蛋白提取和定量，双向电泳、染色、扫描和软件分析，胶内酶解和质谱分析等参见前文所述。

6.1.4　Western blot 分析

取长期低温胁迫和对照组的样品各400μg，使用pH 4 - 7 IPG胶条（13 cm，linear）进行2-DE（具体方法参见以前所述）。然后将双向电泳胶上的一部分（MW：8-20 kDa，pH：6-7）切下来，按照以下步骤进行转膜。

6.1.4.1 转膜

将与凝胶等大小的用转移液浸透的4层滤纸放在电转移装置负极上，将电泳胶置于其上，再将与凝胶等大小的用转移液浸透的硝酸纤维素膜（0.45μm，购自美国Amershan公司）放在电泳胶上，膜上再覆盖用转移液浸透的4层滤纸，除去各层间的气泡，恒流1mA/cm^2转移2h。

6.1.4.2 丽春红染色

转膜后用双蒸水洗去膜表面杂质，将膜放入丽春红染液中染至显出红色条带，以验证蛋白是否已转移至膜上。

6.1.4.3 封闭

用双蒸水洗去膜上的染液，用TBST洗膜3次，每次5分钟至红色背景消失。用含5%脱脂奶粉的TBS封闭NC膜37℃ 1h或4℃过夜。

6.1.4.4 抗体杂交

倒出封闭液，用TBST洗膜3次，每次5分钟，加入用TBST按1∶200稀释的一抗［anti-Rubisco small subunit antibody（AS07 222，Agrisera，Sweden）］，37℃ 孵育1h；倒出一抗，用TBST洗膜3次，每次5分钟，加入AP（碱性磷酸酶）标记的二抗（购自Sigma公司，用TBST按1∶1000稀释），37℃ 孵育1h。

6.1.4.5 显色

倒出二抗，用TBST洗膜3次，每次5分钟，然后将膜在显色液中（AP Buffer 10 ml，NBT 500 uL，BCIP 500 uL。购自天根生化公司）显色10—30分钟。

6.1.5 实时定量PCR分析

使用RNeasy Plant Mini Kit（Qiagen）提取植物组织的总RNA，并用RQ1 RNase - free DNase（Promega，Madison，WI，

USA）消化以除去可能的基因组 DNA 污染。按照厂家说明书使用 BcaBEST RNA PCR Kit（Takara，Japan）合成 cDNA。使用表 6-1中的引物，在 ABI PRISM 7500 Sequence Detection System（Applied Biosystems，USA），使用 SYBR Green Realtime Master Mix（Applied Biosystems，USA）进行荧光定量 PCR 分析。ubiquitin 10（UB10，NCBI accession number BQ060353）作为内参。按照文献①计算基因的相对表达量。

表 6-1　荧光定量 PCR 引物

蛋白点序号	正向引物	反向引物
10	ACGTTAACTGGAAACTT-GAGGAC	ATTGTATTGATCAGGTTCG-GATT
11	AATGACACTGTTGGTGAG-GAAGT	AATTCAGGGTCGTTCT-TCTCTTC
18	CCCTGAAATCATGGTTGAGC	AAGAAAAGGCCTCCA-CATCTC
20	CAAAATTCAACATGCTTCT-CAAG	AGATGAAGAACACCTTCAT-GGTT
Ubiquitin 10	ACAACGTGTAAGGCTA-AGATCCA	GGATGTTGTAGTCCG-CAAGAGTA

6.1.6　统计处理

在 2-DE 分析中，每个处理组和对照组均采用 3 个生物学重复的平均值，每个叶片样品由 5—8 棵植物的样品混合而成。在

① Livak，K. J.，Schmittgen，T. D.，Analysis of relative gene expression data using real-time quantitative PCR and the 2（-Delta Delta C（T））Methods 2001，25，402-408.

生长和生理指标测定中，每个处理组和对照组均采用至少 8 个生物学重复的平均值。所有数据都采用 SAS 统计软件进行适当的统计学处理。

6.2　结果与讨论

6.2.1　盐芥对于低温和干旱胁迫的生理反应

相对电解质渗漏（REL）可用于衡量低温所致细胞膜的损伤。测定了低温胁迫 6h、24h 和 48h 后盐芥叶片的 REL。如图 6-1 所示，低温处理 6h 后，与对照相比差异不大，是对照的 1 倍；低温处理 24 小时后，其 REL 升高到 51.6%，是对照的 2 倍，低温处理 48 小时后，REL 回落到 42.8%，是对照的 1.7 倍。

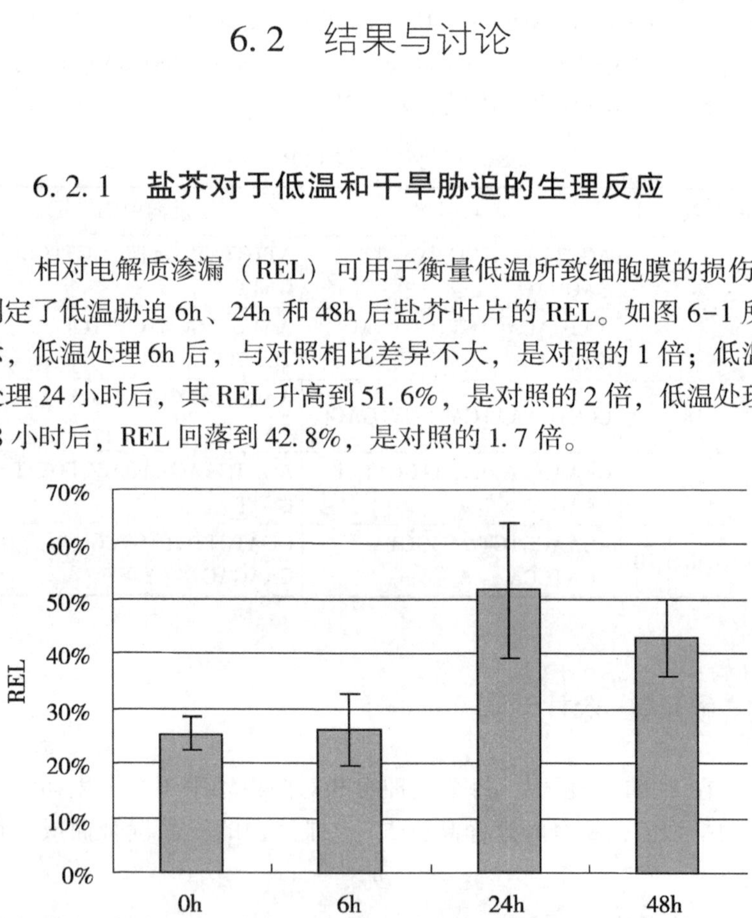

图 6-1　低温胁迫对盐芥叶片相对电解质渗漏的影响

测定了对照组和长期低温胁迫组的一些生长指标：根长、根干重、地上部分干重、平均叶片数。结果如表6-2，看起来长期低温胁迫明显降低了植物的生长速度（图6-2）。

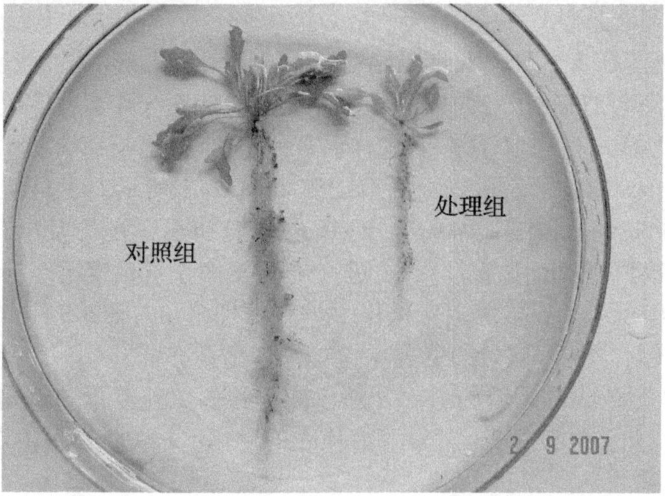

图6-2　长期低温对于盐芥生长速度的影响

表6-2　长期低温对于盐芥生长指标的影响

	对照组	长期低温处理组
根长（cm）	12.90±1.81	7.45±1.85*
根干重（g）	0.028±0.0094	0.0051±0.0014*
叶片干重（g）	0.038±0.0041	0.0072±0.0017*
叶片数量	30±1.56	12±1.05*

*与对照组相比，有显著性差异（$p<0.01$）。

6.2.2　盐芥叶片可溶性总蛋白的应答低温胁迫的双向电泳分析

为了研究短期和长期低温胁迫对盐芥叶片的影响，对盐芥可溶性总蛋白进行了双向电泳分析。为了解盐芥叶片蛋白质组的动态变化模式，选取了 4 个取样时间点，即胁迫持续 6 小时、2 天、5 天和 24 天。代表性的双向胶如图 6-3 所示。考马斯亮蓝染色的胶经软件 ImageMaster 2-D Elite 分析后，平均检出1432±160 个可重复出现的蛋白点。进一步的软件分析确定了双向胶上 66 个出现了 1.5 倍以上变化程度（各处理组与对照组相比），且具有统计学显著差异的蛋白点（如图 3 所示）。

3 个放大的区域如图 6-4 所示。尽管多数差异蛋白点是数量上的变化，也有 9 个点呈现了有或无的变化（1，2，3，4，32，

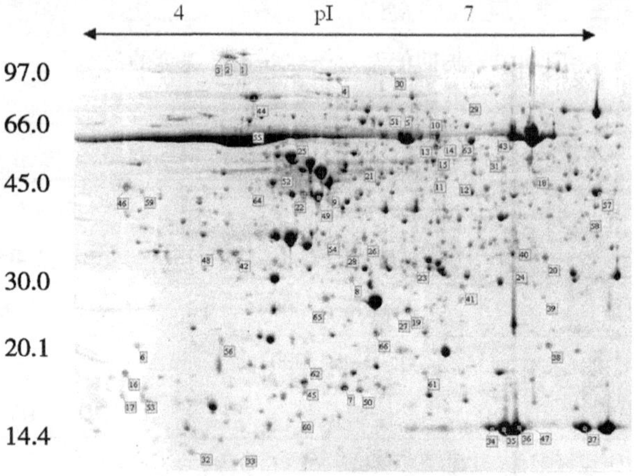

图 6-3　低温胁迫对盐芥叶片蛋白质组的影响

注：图中标出的为低温胁迫差异表达蛋白。

33，34，49 和 56）。

标记的点是所有胁迫后丰度出现 1.5 倍以上的具有统计学意义的（$p<0.05$）差异表达蛋白，分子量单位为 kDa。

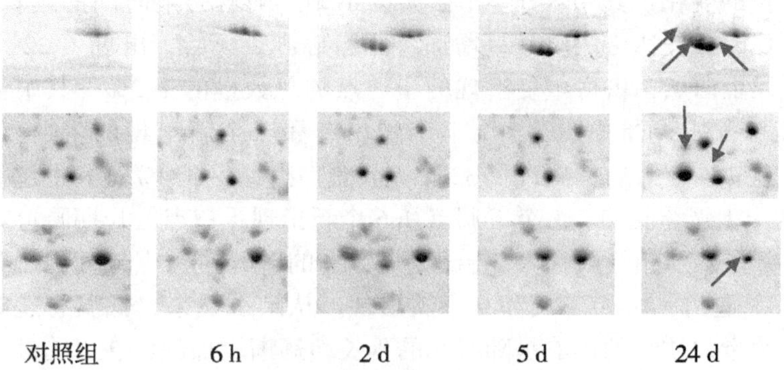

图 6-4　部分叶片低温胁迫差异蛋白的放大图

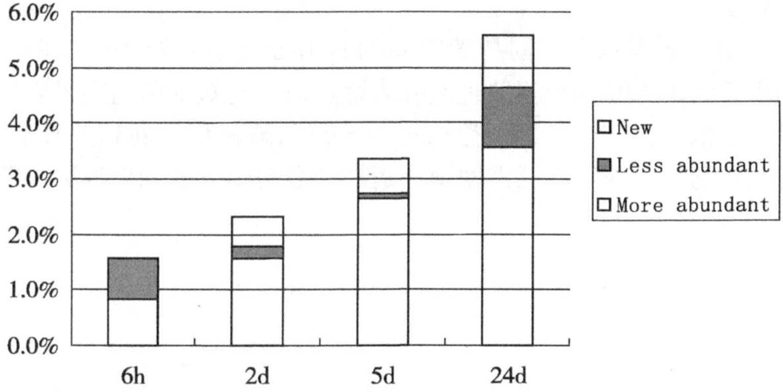

图 6-5 低温胁迫各个时间点出现的叶片差异表达蛋白点数量和构成

注：Y 轴为差异蛋白点占全部可重复出现的蛋白点的总数量的百分比，X 轴为不同的胁迫条件。图中，New 指新出现的点，Less abundant 指丰度下降的点，Mor abundant 指丰度上升的点。

图 6-5 表示的是不同持续时间低温胁迫处理所致差异蛋白点的出现情况。6 小时低温胁迫后，叶片蛋白质组变化不大，只出现了 1.6%（差异蛋白点的数量比可重复出现的蛋白点的总数量）的变化，其中 8 个上调，7 个下调。随着胁迫时间的延长，叶片差异表达蛋白质数量增加。低温胁迫 2 天后，出现了 22 个差异蛋白点，占可重复出现的蛋白点的总数量的 2.3%，其中包括 15 个上调蛋白点，2 个下调蛋白点和 5 个新出现的蛋白点。低温胁迫 5 天后，出现了 32 个差异蛋白点，占 3.4%，其中包括 25 个上调蛋白点，1 个下调点和 6 个新出现蛋白点。长期胁迫对叶片蛋白质组影响最大，出现了 5.6%的差异蛋白点，其中，有 34 个上调、10 个下调和 9 个新出现。从结果看来，低温胁迫对叶片蛋白质组的影响是随时间的延长而逐渐增加的，在以前进行的一项拟南芥叶绿体的蛋白质组学研究也得到了同样的结果，在该研究中，随着低温胁迫时间的延长，丰度出现变化的蛋白点越来越多。

图 6-6 表示了不同持续时间的胁迫处理下差异表达蛋白点的重叠情况。长期低温胁迫差异表达蛋白点与短期胁迫差异表达蛋白点的重合多于长期低温胁迫差异点与瞬时低温胁迫差异点。看起来盐芥应对瞬时低温胁迫、短期低温胁迫和长期低温胁迫的策略有所不同。

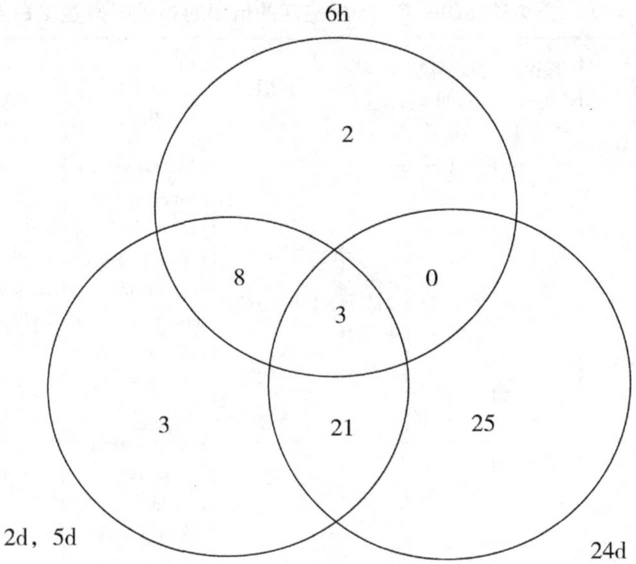

图 6-6　不同持续时间的叶片低温胁迫差异表达蛋白点的重叠情况

6.2.3　盐芥叶片低温胁迫差异表达蛋白的质谱鉴定

将软件分析确定的差异表达蛋白从胶上切下来，用胰蛋白酶进行胶内酶解，然后进行 MALDI-TOF/TOF、q-TOF MS/MS 或者 LC MS/MS 质谱分析，数据库搜索鉴定。最后确定了 50 个蛋白点的身份（见表 6-3、6-4、6-5 和 6-6）。

表 6-3 通过 MALDI-TOF 分析鉴定的低温胁迫差异表达蛋白点

序号	理论/实验分子量(kDa)	理论/实验等电点	Mascot分值	匹配肽段数	序列覆盖百分比	NCBI编号	同源蛋白	物种
1	188/102	6. 2/4. 9	102	23	21%	gi丨15226742	SNF2 domain – containing protein / helicase domain – containing protein / zinc finger (C3HC4 type RING finger) family protein	*Arabidopsis thaliana*
2	188/102	6. 2/4. 9	90	23	21%	gi丨15226742	SNF2 domain – containing protein / helicase domain – containing protein / zinc finger (C3HC4 type RING finger) family protein	*Arabidopsis thaliana*
3	188/102	6. 2/4. 9	86	23	21%	gi丨15226742	SNF2 domain – containing protein / helicase domain –containing protein / zinc finger (C3HC4 type RING finger) family protein	*Arabidopsis thaliana*
7	16/16	5. 2/5. 3	87	7	45%	gi丨1346180	Glycine – rich RNA – binding protein GRP1A	*Sinapis alba*

续表

序号	理论/实验分子量（kDa）	理论/实验等电点	Mascot分值	匹配肽段数	序列覆盖百分比	NCBI编号	同源蛋白	物种
10	61/60	5. 5/5. 7	99	15	25%	gi丨21537260	Putative 2，3-bisphosphoglycerate-independent phosphoglycerate mutase	*Arabidopsis thaliana*
11	42/42	5. 5/5. 8	76	10	35%	gi丨21536853	Phosphoglycerate kinase，putative	*Arabidopsis thaliana*
13	54/53	5. 5/5. 7	225	28	67%	gi丨139388101	ATPase beta subunit	*Barbarea verna*
14	52/52	5. 8/5. 8	66	9	27%	gi丨15228498	UGP（UDP-glucose pyrophosphorylase）；UTP：glucose-1-phosphate uridylyltransferase	*Arabidopsis thaliana*
15	54/51	6. 5/5. 8	74	15	34%	gi丨30688330	Alanine-2-oxoglutarate aminotransferase 1（GGT1）	*Arabidopsis thaliana*
19	20/25	5. 4/5. 2	86	12	31%	gi丨18391006	Unknown protein	*Arabidopsis thaliana*

续表

序号	理论/实验分子量(kDa)	理论/实验等电点	Mascot分值	匹配肽段数	序列覆盖百分比	NCBI编号	同源蛋白	物种
20	22/28	6. 0/6. 4	71	6	20%	gi丨24899735	Cysteine proteinase inhibitor, putative 1	*Arabidopsis thaliana*
23	26 /27	5. 5/5. 7	107	11	44%	gi丨15219257	PAB1 (20S proteasome alpha subunit B1) ; peptidase	*Arabidopsis thaliana*
26	35/33	5. 3/5. 4	61	6	22%	gi丨15240013	PSBO - 1 (oxygen - evolving enhancer 33)	*Arabidopsis thaliana*
30	88/87	5. 0/5. 5	72	12	21%	gi丨116056440	Double - stranded RNA - binding domain (ISS)	*Ostreococcus tauri*
31	51/50	6. 3/6. 2	103	17	32%	gi丨6606509	ATP sulfurylase	*Arabidopsis thaliana*
34	21/14	8. 2/6. 1	94	7	36%	gi丨132154	RuBisCO small subunit, chloroplast precursor	*Raphanus sativus*
35	21/14	8. 2/6. 2	69	7	36%	gi丨132154	RuBisCO small subunit, chloroplast precursor	*Raphanus sativus*
36	21/14	8. 2/6. 3	80	7	36%	gi丨132154	RuBisCO small subunit, chloroplast precursor	*Raphanus sativus*

续表

序号	理论/实验分子量(kDa)	理论/实验等电点	Mascot分值	匹配肽段数	序列覆盖百分比	NCBI编号	同源蛋白	物种
37	21/14	8.2/6.7	74	7	36%	gi丨132154	RuBisCO small subunit, chloroplast precursor	*Raphanus sativus*
38	27/22	5.2/6.5	71	5	33%	gi丨126147	Lectin	*Onobrychis viciifolia*
40	37/32	5.4/6.3	82	11	40%	gi丨45451864	Chloroplast carbonic anhydrase precursor	*Thlaspi caerulescens*
42	31/30	5.1/4.9	62	6	12%	gi丨15228102	29 kDa ribonucleoprotein, chloroplast, putative/RNA-binding protein cp29, putative	*Arabidopsis thaliana*
44	77/76	5.1/5.0	62	16	19%	gi丨6746592	Heat shock protein 70	*Arabidopsis thaliana*
43	53/53	6.1/6.1	141	21	37%	gi丨4185573	RuBisCO large subunit	*Gyrostemon sp. Cranfield* 02068672
47	21/14	8.2/6.3	65	12	34%	gi丨132154	RuBisCO small subunit, chloroplast precursor	*Raphanus sativus*
56	29/23	7.7/4.8	87	9	36%	gi丨15229806	2-cys peroxiredoxin, chloroplast (BAS1)	*Arabidopsis thaliana*

续表

序号	理论/实验分子量（kDa）	理论/实验等电点	Mascot分值	匹配肽段数	序列覆盖百分比	NCBI编号	同源蛋白	物种
66	15/23	9.2/5.5	78	16	54%	gi丨1480014	Putative delta subunit of ATP synthase	*Brassica rapa*

表 6-4　通过 MALDI-TOF-MS/MS 分析鉴定的低温胁迫差异表达蛋白点

序号	理论/实验分子量（kDa）	理论/实验等电点	Mascot分值	匹配肽段数	NCBI编号	同源蛋白	物种
5	61/61	5.3/5.7	218	YLVSPPEIDR ALEYEDFDKFDR	gi丨23397105	Putative 2, 3 - bisphosphoglycerate - independent phosphoglycerate mutase	*Arabidopsis thaliana*
21	42/48	5.3/5.5	288	GEYDESGPSIVHR VAPEEHPVLLTEAPLNPK	gi丨6683504	Actin isoform B	*Mimosa pudica*
24	22/26	6.8/6.2	76	NPDQVTENDFAFTGLGK	gi丨1755184	Germin-like protein	*Arabidopsis thaliana*
41	26/25	4.5/5.8	162	EDGGVGSDSAYTVAQYNSPFEFSGR	gi丨21592576	SOUL - like protein, At1g17100	*Arabidopsis thaliana*

表 6-5　通过 ESI-MS/MS 分析鉴定的低温胁迫差异表达蛋白点

序号	同源蛋白	理论/实验分子量（kDa）	理论/实验等电点	分值	匹配肽段序列	NCBI 编号	物种
8	Ferritin – 1, chloroplast precursor	28/26	5.1/5.3	2090	ISDFITQLR, GDALYAMELALSLEK	Q96540	*Brassica napus*
12	Reversibly glycosylated polypeptide-3	41/41	6.5/5.9	2031	EAVTVQQCYIELSK, YIFTIDDDCFVAK, YVDAVMTIPK, DLIGPAMYFGLMGDGQPIGR, GTLFPMCGMNLAFDR	Q8LB19	*Arabidopsis thaliana*
16	Plastocyanin	10/17	4.1/4.1	4302	NNAGFPHNVVFDED EIPSGVDASK, IEVLLGGGDGSLAFVPNDFSIAK	P00294	*Capsella bursa-pastoris*
17	Plastocyanin	10/15	4.1/4.1	4302	NNAGFPHNVVFDEDEIPSGVDASK, IEVLLGGGDGSLAFVPNDFSIAK	P00294	*Capsella bursa-pastoris*

续表

序号	同源蛋白	理论/实验分子量(kDa)	理论/实验等电点	分值	匹配肽段序列	NCBI编号	物种
18	Glyceraldehyde-3-phosphate dehydrogenase B, chloroplast precursor	48/42	6.8/6.5	2185	IVDNETISVDGK, VLDEEFGIVK, YDSMLGTFK	P09044	*Arabidopsis thaliana*
45	Peroxiredoxin-2E, chloroplast precursor	25/16	9.7/5.2	1831	TVTVSSLTAGK, LGVELDLR	Q949U7	*Arabidopsis thaliana*
48	Putative ribonucleoprotein At2g37220, chloroplast precursor	31/30	4.9/4.8	1565	VSEAEARPPR, EQSFSADLK	Q9ZUU4	*Arabidopsis thaliana*
49	Glyceraldehyde-3-phosphate dehydrogenase B, chloroplast precursor	48/38	6.8/5.3	1195	IVDNETISVDGK	P25857	*Arabidopsis thaliana*
50	Glycine-rich RNA-binding protein 7	16/16	6.0/5.5	2141	SITVNEAQSR, GFGFVTFKDEK	Q03250	*Arabidopsis thaliana*

续表

序号	同源蛋白	理论/实验分子量（kDa）	理论/实验等电点	分值	匹配肽段序列	NCBI编号	物种
51	2，3 - bisphosphoglycerate - independent phosphoglycerate mutase 1	61/61	5.3/5.4	764	YLVSPPEIDR	O04499	*Arabidopsis thaliana*
52	SAL1 phosphatase	38/42	4.9/5.0	915	ALLQSDVQSK	Q42546	*Arabidopsis thaliana*
55	Probable protein disulfide - isomerase 1 precursor（PDI 1）	57/56	4.6/4.9	1807	GESVEGPAVR，EFATQYEVQGFPTIK	Q9XI01	*Arabidopsis thaliana*
57	Fructose - bisphosphate aldolase，cytoplasmic isozyme.	39/39	6.6/6.6	2729	GIGLAADESTGTIGK，ANSEATLGTYK	O65735	*Cicer arietinum*
58	Aldo - keto reductase	35/36	6.6/6.6	893	AIGVSNFSSK	Q84TF0	*Arabidopsis thaliana*
61	Cytochrome b6- f complex iron-sulfur subunit，chloroplast precursor（Rieske iron - sulfur protein）	25/18	8.6/5.8	1565	GPAPLSLALAHANVE，GDPTYLVVENDK	Q9ZR03	*Arabidopsis thaliana*
63	Isopropylmalate synthase	55/53	7.3/5.9	1212	STYEILSPEDVGVVK	Q71QG1	*Brassica oleracea*

续表

序号	同源蛋白	理论/实验分子量（kDa）	理论/实验等电点	分值	匹配肽段序列	NCBI编号	物种
65	Peptide methionine sulfoxide reductase	29/26	8.5/5.3	2484	QGNDVGTQYR, SGIYFYTPEQEK	Q9SEC2	*Lactuca sativa*

表 6-6　通过 LC MS/MS 分析鉴定的低温胁迫差异表达蛋白点

序号	同源蛋白	理论/实验分子量（kDa）	理论/实验等电点	Mascot分值	NCBI编号	物种
4	EF-G	86/83	5.9/5.4	164	gi丨14532624	*Arabidopsis thaliana*
22	Dehydrin	23/39	5.3/5.3	77	gi丨1326161	*Phaseolus vulgaris*

6.2.4　盐芥叶片应答低温胁迫的代谢调整分析

本研究鉴定到的低温响应蛋白中很多都被以前的研究证明与植物抗逆有关，这些蛋白包括：putative 2，3-bisphosphoglycerate-independent phosphoglycerate mutase，glycine-rich RNA-binding protein 7（GRP7），Ferritin-1，phosphoglycerate kinase，ATP synthase CF1 beta chain，UDP-glucose pyrophosphorylase，cysteine proteinase inhibitor，Ribulose bisphosphate carboxylase（Rubisco）small chain，carbonic anhydrase，SAL1 phosphatase。本研究也发现了一些新的低温响应蛋白，它们没有被报道与胁迫响应有关，

这样的蛋白有 alanine-2-oxoglutarate aminotransferase 1（GGT1），isopropylmalate synthase，EF-G，cytochrome b6-f complex iron-sulfur subunit，SNF2 domain-containing protein / helicase domain-containing protein / zinc finger（C3HC4 type RING finger）family protein 等。这些独特的低温响应蛋白可能是盐芥耐受低温胁迫机制的重要组成部分，其具体功能有待进一步研究。

本研究发现有 5 个蛋白在双向胶上以多个蛋白点的形式出现（见表 6-3、6-4、6-5 和 6-6）。如共有 5 个蛋白点被鉴定为 RuBisCO 小亚基；3 个蛋白点被鉴定为 SNF2 domain-containing protein / helicase domain-containing protein / zinc finger（C3HC4 type RING finger）family protein；3 个蛋白点被鉴定为 putative 2，3-bisphosphoglycerate-independent phosphoglycerate mutase；2 个蛋白点被鉴定为 glyceraldehyde-3-phosphate dehydrogenase B；2 个点被鉴定为 plastocyanin。一般认为，这种双向胶上的多个蛋白点指向同一个蛋白质的现象是由蛋白异构体的存在、翻译后修饰或蛋白降解造成的。

Western blot 验证了 RuBisCO small subunit 在双向胶上确实以多个蛋白点的形式存在（图 6-7）。这种双向胶上的多个蛋白点指向同一个蛋白质的现象在以前的蛋白质组研究中也有过报道①。在低温胁迫的水稻叶片中，发现了 19 个点都被鉴定为 RuBisCO large subunit，研究者推测这种现象是由低温胁迫所致的蛋白降解引起的。在本研究中，我们认为这种现象是由蛋白异构体或者翻译后修饰造成的，而不是蛋白降解引起的。这是因为蛋白降解所造成的很多蛋白点的分子量都明显小于完整的分子，而在本研究中，指向同一蛋白的不同蛋白点具有基本相同的分子

① Hashimoto，M.，Komatsu，S.，Proteomics analysis of rice seedling during cold stress. Proteomics 2007，7：1293-1302.

量。另外，值得注意的是，由于低温引起的蛋白降解所造成的多个蛋白点指向同一个蛋白质的现象主要是在对不耐低温的植物中报道的，而对于相对耐受低温的植物，如 *Arabidopsis thaliana*，目前还没有类似的报道。

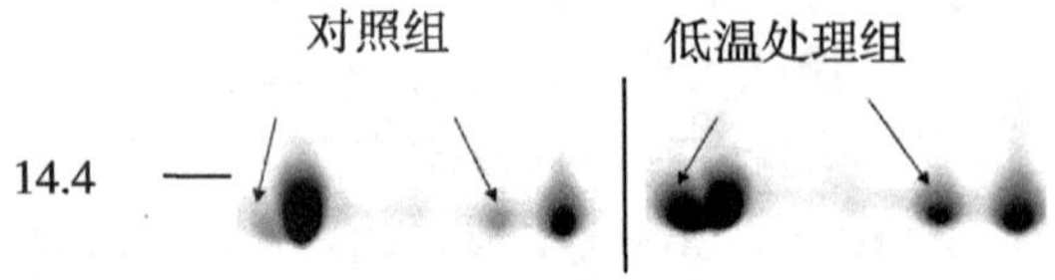

图 6-7 RuBisCO **小亚基的** Western blot **图。**

注：图中分子量单位为 kDa。

根据其推定的生理功能，这 50 个质谱鉴定的低温响应蛋白被分为几类（图 6-8）。其中最大的一类与光合作用有关。其他几类为：转录和 RNA 加工、防御、能量途径、细胞壁和细胞骨架、蛋白折叠和降解、物质代谢、信号转导。

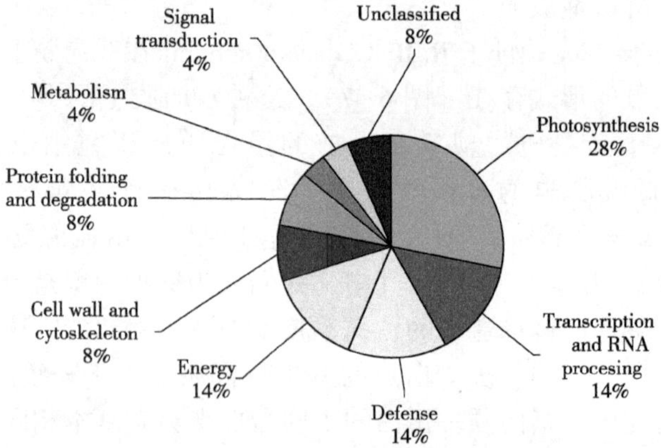

图 6-8 50 个已鉴定的叶片低温胁迫差异表达蛋白的功能分类

6.2.4.1　盐芥通过调整叶片叶绿体功能以适应低温胁迫

高等植物的光合机构对于温度变化非常敏感[①]，低温能显著抑制光合作用[②]。低温影响光合作用中几个重要的过程，如可通过基质的氧化钝化 Calvin-cycle 中的酶类，氧化损伤 PS I 和 PS Ⅱ反应中心，修饰类囊体组分，影响电子传递链[③]。

使用 TargetP 软件分析了所有鉴定的差异表达蛋白的亚细胞定位[④]。发现 46%的已鉴定差异表达蛋白定位于叶绿体。这一结果与水稻蛋白质组学研究结果类似，在那项研究中，发现 43.9%的已鉴定低温响应叶片蛋白定位于叶绿体。这印证了叶绿体确实是最容易受低温影响的亚细胞结构之一。

低温响应蛋白中最大的一类是 14 个与 Calvin cycle，柠檬酸循环、电子传递链有关的蛋白质。几个 RuBisCO 小亚基在低温胁迫后或被上调，或被下调。RuBisCO 小亚基被认为与 RuBisCO 酶的催化活性和特异性有关[⑤]。推测本研究发现的低温诱导的 RuBisCO 小亚基的变化可能与胁迫条件下 RuBisCO 活性的调整有关。

Glyceraldehyde-3-phosphate dehydrogenase B 是另一个与 Calvin cycle 有关的低温响应蛋白。在低温胁迫 5 天和 24 天后被

---

① Havaux, M., Characterization of thermal damage to the photosynthetic electron transport system in potato leaves. Plant Sci. 1993, 94: 19-33.

② Allen, D. J., Ort, D. R., Impacts of chilling temperatures on photosynthesis in warm-climate plants. Trends Plant Sci. 2001, 6: 36-42.

③ Huner, N. P. A., Oquist, G., Sarhan, F., Energy balance and acclimation to light and cold. Trends Plant Sci. 1998, 3: 224-230.

④ Emanuelsson, O., Nielsen, H., Brunak, S., et al., Predicting subcellular localization of proteins based on their N-terminal amino acid sequence. J. Mol. Biol. 2000, 300: 1005-1016.

⑤ Spreitzer R. J., Role of the small subunit in ribulose-1, 5-bisphosphate carboxylaseoxygenase. Arch. Biochem. Biophys. 2003, 414: 141-149.

上调。Glyceraldehyde-3-phosphate dehydrogenase B 被低温诱导上调在另一篇文章中也有报道①。

本研究发现一个 carbonic anhydrase 蛋白点被长期低温胁迫下调。在一个对 *Arabidopsis thaliana* 细胞膜蛋白的蛋白质组学研究中，一个 carbonic anhydrase 蛋白点被报道在 1 天的低温胁迫后上调②。本文的胁迫条件和蛋白提取与该研究不同，所以不好作比较。

16 和 17 这两个点都被鉴定为 plastocyanin，这种情况在对于 *A. thaliana* 的研究中也出现过③。本研究发现 plastocyanin 和 cytochrome b6-f complex iron-sulfur subunit 两个与电子传递有关的蛋白都低温胁迫下调。推测这种电子传递链的调整与植物低温适应有关。

Oxygen-evolving enhancer 33 在低温处理 6 小时、5 天和 24 天后丰度上升。在水稻中此蛋白也被报道受低温诱导。

在本研究中发现 GGT1 在长期低温胁迫后明显上调。GGT1 是定位于过氧化物酶体的一个光呼吸相关酶，光呼吸被认为与胁

---

① Hurry, V., Strand, A., Furbank, R., et al., The role of inorganic phosphate in the development of freezing toleranceand the acclimatization of photosynthesis to low temperature isrevealed by the pho mutants of Arabidopsis thaliana. Plant J. 2000, 24: 383-396.

② Kawamura, Y., and Uemura, M., Mass spectrometric approach for identifying putative plasma membrane proteins of Arabidopsis leaves associated with cold acclimation. Plant J. 2003, 36 (2): 141-154.

③ Kieselbacha, T., Bystedta, M., Hyndsd, P., et al., A peroxidase homologue and novel plastocyanin located by proteomics to the Arabidopsis chloroplast thylakoid lumen. FEBS Lett. 2000, 480: 271-276.

迫条件下电子传递链的稳定有关，以避免光抑制[①]。Verslues 等[②]发现拟南芥 GGT1 突变体叶片表现出光依赖的 H_2O_2 含量增加和光依赖的低温敏感表型，该研究认为 GGT1 突变导致光呼吸受损，促使光合作用产生的 ROS 类物质含量升高，如 H_2O_2 出现积累。长期低温胁迫下，盐芥叶绿体会积累一些有害的中间代谢物质，特别是活性氧类物质。本研究推测 GGT1 丰度的增加有利于减少这些有害的中间代谢物质的积累。

低温胁迫能增加细胞内活性氧的积累，而叶绿体更是相对比较容易受到氧化损伤的细胞器[③]。光合机构已经演化出一套控制电子传递途径和内囊体腔内的氧化还原状态的机制。本研究鉴定了三个与叶绿体 Redox 平衡有关的蛋白，它们都被低温胁迫上调。其中，2-cys peroxiredoxin chloroplast（BAS1）能降解 alkyl hydroperoxides（带有-OOH 的化合物），其基因表达被认为受细胞 Redox 状态的调节[④]，在其突变体中，一些叶绿体相关蛋白含量减少，光合作用受到影响[⑤]。peroxiredoxin-2E 能够用硫氧还蛋白或谷氧还蛋白系统产生的还原力消除过氧化氢和-OOH 化合

---

① Wingler, A., Lea, P. J., Quick, W. P., et al., Photorespiration: metabolic pathways and their role in stress protection. Philos. Trans. R. Soc. Lond. B Biol. Sci. 2000, 355: 1517-1529.

② Verslues, P. E., Kim, Y. S., Zhu, J. - K., Altered ABA, proline and hydrogen peroxide in an Arabidopsis glutamate: glyoxylate aminotransferase mutant. Plant Mol. Biol. 2007, 64, 205-217.

③ Foyer, C. H., Lelandais, M., Kunert, K. - J., Photo - oxidative stress in plants. Physiol. Plant. 1997, 92: 696-717.

④ Baier, M., Dietz, K. J., The plant 2-Cys peroxiredoxin BAS1 is a nuclear-encoded chloroplast protein: its expressional regulation, phylogenetic origin, and implications for its specific physiological function in plants. Plant J. 1997, 12: 179-190.

⑤ Baier, M., Dietz, K. J., Protective Function of Chloroplast 2-Cysteine Peroxiredoxin in Photosynthesis. Evidence from Transgenic Arabidopsis. Plant Physiol. 1999, 119: 1407-1414.

物，是叶绿体硫氧还蛋白系统的重要成员。ferritin-1 是定位于叶绿体的铁结合蛋白，能保护植物免受多种胁迫的损害①。看起来控制叶绿体氧化还原状态是盐芥低温耐受机制的重要组成部分。

低温胁迫还影响了盐芥的叶绿体的蛋白合成。本研究发现低温诱导了一个新的叶绿体 EF-G 的出现，长期低温胁迫还上调了一个定位于叶绿体的蛋白折叠伴侣 hsp70 的表达。这说明低温胁迫还影响了盐芥的叶绿体蛋白质的翻译和蛋白折叠。

6.2.4.2　盐芥叶片能量合成途径的调整也参与对低温胁迫的反应

低温胁迫常常影响植物的能量合成和物质代谢。在本研究中，一些糖酵解相关的酶也发生了丰度变化，包括 2，3 二磷酸甘油依赖的磷酸甘油变位酶，磷酸甘油激酶，以及果糖二磷酸醛缩酶，它们或被上调，或被下调。2，3 二磷酸甘油依赖的磷酸甘油变位酶在水稻叶片、水稻花药、拟南芥叶片蛋白质组研究中均被发现响应低温胁迫。在拟南芥叶片、拟南芥细胞核、水稻叶片的蛋白质组研究中，磷酸甘油激酶被报道响应低温胁迫。果糖二磷酸醛缩酶在水稻苗的蛋白质组研究中被证明响应低温胁迫。

两个光合磷酸化相关的蛋白 ATPase beta subunit，putative delta subunit of ATP synthase 被低温胁迫下调。看起来，光合磷酸化效率降低导致的 ATP 生成减少与受低温胁迫的 Calvin cycle 效率降低是协同调节的两个生理过程。

在本研究中，两个物质代谢相关的酶类在长期低温胁迫下丰度降低。其中，ATP sulfurylase 是植物硫吸收途径的第一个酶，

---

① Deak，M.，Horvath，G. V.，Davletova，S.，et al.，Plants ectopically expressing the iron-binding protein，ferritin，are tolerant to oxidative damage and pathogens Nat. Biotechnol. 1999，17：192-196.

也是半胱氨酸的合成的关键酶，而 isopropylmalate synthase 是一个与亮氨酸生物合成有关的酶。这两个氨基酸合成相关酶的丰度降低意味着蛋白质的合成速率的减缓。实际上，生理指标测定表明盐芥的生长速度在长期低温条件下明显减低。

总体看来，在低温胁迫下，盐芥能够协同调整光合作用、能量途径和物质代谢，以适应低温环境。

6.2.4.3　RNA 加工参与低温胁迫耐受

RNA 的加工、从核到胞浆的转运，以及维持正常的二级机构对于植物耐受低温胁迫非常重要①。在本研究中，多个 RNA 结合蛋白和螺旋酶类似蛋白的丰度被低温胁迫上调。这些蛋白包括：SNF2 domain-containing protein / helicase domain-containing protein / zinc finger（C3HC4 type RING finger）family proteins，Glycine-rich RNA-binding protein 7（GRP7），RNA-binding protein cp29，and Glycine-rich RNA-binding protein GRP1A.

富含甘氨酸的蛋白（GRPs）被认为在胁迫条件下的植物的转录后调控中起重要作用②。本研究发现 AtGRP7 和 GRP1A 被低温胁迫上调，特别是 GRP1A，其蛋白丰度随胁迫时间的延长逐渐增加。一项研究认为 AtGRP7 具有 RNA 折叠伴侣活性，发现 AtGRP7 能够促进大肠杆菌对低温的适应。

RNA 结合蛋白 cp29 是光合系统 II 的组成部分，在玉米中其磷酸化与抗冷性有关。在一项 *A. thaliana* 蛋白质组学研究中，RNA 结合蛋白 cp29 被报道受低温胁迫上调。

本研究首次发现三个 SNF2 domain-containing protein/helicase

---

① Zhu，J.，Dong C.-H.，Zhu，J.-K.，Interplay between cold-responsive gene regulation，metabolism and RNA processing during plant cold acclimation. Curr. Opin. Plant Biol. 2007，10：290-295.

② Mousavi，A.，Hotta，Y.，Glycine-rich proteins：a class of novel proteins. Appl. Biochem. Biotechnol. 2005，120：169-174.

domain-containing protein/zinc finger（C3HC4 type RING finger）family 蛋白点被低温诱导出现，而且其丰度随胁迫时间的延长而持续增加。这种表达模式意味着 SNF2 domain-containing protein/helicase domain-containing protein/zinc finger（C3HC4 type RING finger）family 所起到的是结构性的作用，而非短期的调节作用。这种蛋白具有 DEAD-box helicase 的结构域，而 DEAD-box helicase 被认为参与植物胁迫耐受机制的多个环节，如负责去除逆境下植物 mRNA 5′UTR 形成的阻挡翻译进行的二级结构①。

6.2.4.4 盐芥低温胁迫耐受相关 ROS 清除与植物防御蛋白

低温胁迫使植物产生过多的活性氧，植物依靠 ROS 清除系统来应对这种氧化压力。本研究发现了 7 个防御相关蛋白，除了与叶绿体氧化还原相关的 3 个蛋白外，还包括：lectin，甲硫氨酸硫氧化物还原酶（peptide methionine sulfoxide reductase），dehydrin 和醇醛酮还原酶（aldo-keto reductase）。

蛋白质的 Met 容易受到活性氧的氧化，甲硫氨酸硫氧化物还原酶能够将被氧化的 Met 还原到原来的状态，修复这种对蛋白质的损害。以前的一项研究表明②，甲硫氨酸硫氧化物还原酶突变后，*Arabidopsis* 丧失了低温驯化的能力。

醇醛酮还原酶能提高植物耐受氧化胁迫的能力，本研究发现其丰度被低温胁迫上调。实际上，醇醛酮还原酶已被报道在水稻中是低温响应蛋白，在大麻根中受铜胁迫上调。

脱水蛋白是植物胚胎发育晚期出现的，或者受非生物胁迫诱

① Vashisht, A. A., Tuteja, N., Stress responsive DEAD-box helicases: A new pathway to engineer plant stress tolerance. J. Photochem. Photobiol., B 2006, 84: 150-160.

② Kwon, S. J., Kwon, S. I., Bae, M. S., et al., Role of the methionine sulfoxide reductase msrB3 in cold acclimation in arabidopsis plant and cell physiology. Plant Cell Physiol. 2007, 48: 1713-1723.

导出现的一类蛋白质，研究人员认为脱水蛋白能够稳定胁迫条件下蛋白和细胞膜的结构①。

6.2.4.5　盐芥低温胁迫耐受相关的细胞壁合成和细胞骨架蛋白

四个与细胞壁和细胞骨架相关的蛋白被发现响应低温胁迫，这四个蛋白分别是：可逆糖基化肽 3（RGP2），Actin 和 UDP-glucose pyrophosphorylase 尿苷二磷酸葡萄糖焦磷酸化酶，以及萌发素样蛋白。

本研究发现一个 RGP2 蛋白被低温短期低温处理上调。可逆糖基化肽参与细胞壁的合成，有报道拟南芥 RGP1 在根中受盐胁迫诱导。可逆糖基化肽在植物逆境胁迫耐受中的作用还有待研究。

尿苷二磷酸葡萄糖焦磷酸化酶催化蔗糖和 1-磷酸葡萄糖形成尿苷二磷酸葡萄糖，而尿苷二磷酸葡萄糖直接用于细胞壁形成相关的细胞壁的合成。本研究发现了尿苷二磷酸葡萄糖被短期低温胁迫诱导，而不受长期低温的影响。

萌发素样蛋白 GLPs 是与到禾谷类萌发素同源，与细胞壁的合成有关。GLPs 被认为与植物抗非生物逆境有关，有报道拟南芥的一个 GLP 被低温胁迫上调，拟南芥根中和大麦中的 GLP 被盐胁迫上调②，本研究发现一个 GLPs（GLP3a）被短期低温下调，而长期低温对其表达影响不大。

细胞骨架不仅与有丝分裂、细胞极性等基础生理活动有关，

---

① Koag, M. -C., Fenton, R. D., Wilkens, S., et al., The binding of Maize DHN1 to Lipid Vesicles. Gain of Structure and Lipid Specificity. Plant Physiol. 2003, 131: 309-316.

② Hurkman, W. J., Lane, B. G., Tanaka, C. K., Nucleotide sequence of a transcript encoding a germin-like protein that is present in salt-stressed barley (Hordeum vulgare L.) roots. Plant Physiol. 1994, 104: 803-804.

也在植物响应环境变化中起到了重要的作用。最近报道称烟草actin细胞骨架的解聚能够诱导细胞的防御反应①。在本研究中，actin isoform B 被短期低温胁迫上调。另外也有研究表明 actin 是胁迫响应蛋白。

6.2.4.6　蛋白合成、折叠与降解涉及盐芥低温胁迫反应

本研究发现的低温胁迫响应蛋白中与蛋白翻译、折叠和降解有关的蛋白有4个，包括热激蛋白70、PAB1（20S proteasome alpha subunit B1）、蛋白二硫键异构酶和延伸因子 EF-G。

蛋白合成机构也参与植物耐受低温胁迫机制②。在本研究中发现一个 EF-G 蛋白点在2、5、24天低温胁迫后被诱导出现，而在对照组的胶上的相应位置没有该蛋白点。考虑到 EF-G 是一个看家基因，所以对照组的胶上必然还有别的 EF-G 蛋白点。后来我们在对照组的胶上找到另外一个 EF-G 蛋白点，该蛋白点与被诱导出现的 EF-G 蛋白点具有几乎相同的分子量，不同的等电点，看起来，低温胁迫诱导了 EF-G 的翻译后修饰或者选择性剪接。以前有研究报道 EF-G 在拟南芥中与叶绿体的生物发生和发育有关，本研究首次发现了 EF-G 在盐芥中与低温耐受有关。

HSP70 是一类帮助错误折叠和聚集的蛋白恢复正常结构的

① Kobayashi, Y., Kobayashi, I., Depolymerization of the actin cytoskeleton induces defense responses in tobacco plants. J. Gen. Plant Pathol. 2007, 73: 360-364.

② Singh, B. N., Mishra, R. N., Agarwal, P. K., et al., A pea chloroplast translation elongation factor that is regulated by abiotic factors. Biochem. Biophys. Res. Commun. 2004, 320: 523 - 530. Rausell, A. Kanhonou, R., Yenush, L., et al., The translation initiation factor eIF1A is an important determinant in the tolerance to NaCl stress in yeast and plants. Plant J. 2003, 34: 257-267.

分子伴侣分子。有研究报道菠菜的基因表达被低温处理上调①，HSP70 蛋白水平也被报道被低温胁迫上调。本研究发现盐芥的一个 HSP70 家族成员 hsc70-1 被低温处理上调，推测其作用是帮助低温胁迫条件下叶绿体蛋白质的正常活性。

蛋白二硫键异构酶对新生肽链的折叠和内质网上二硫键的形成有关②。在本研究中一个蛋白二硫键异构酶在低温胁迫 5 天和 24 天后丰度上调，这意味着低温胁迫造成了蛋白折叠错误需要更多的蛋白二硫键异构酶来进行重新折叠。

26S proteasome 的作用是在胁迫下降解短寿命的调控蛋白和不正常的多肽，而 PAB1 被认为与泛素介导的蛋白催化过程有关。在本研究中，PAB1 在 5 天和 24 天低温胁迫后丰度增加，推测这种增加与低温胁迫条件下，更多的异常多肽需要被消除有关。

6.2.4.7 盐芥低温胁迫相关信号转导分子

磷酸肌醇是低温信号转导通路中重要的第二信使分子。SAL1 phosphatase 在低温、ABA 和渗透胁迫信号通路中通过降解 IP3 来发挥一个负调节因子的作用③。本研究发现 SAL1 phosphatase 在长期低温胁迫后被上调，推测长期低温胁迫使植物积累了过量的 IP3，上调的 SAL1 phosphatase 可用于降低 IP3 的数量。

---

① Anderson, J. V., Li, Q. -B., Haskell, D. W., et al., Structural organization of the spinach endoplasmic reticulum-luminal 70-kilodalton heat-shock cognate gene and expression of 70-kilodalton heat-shock genes during cold acclimation. Plant Physiol. 1994, 104: 1359-1370.

② Houston, N. L., Fan, C., Xiang, Q. -Y., et al., Phylogenetic Analyses Identify 10 Classes of the Protein Disulfide Isomerase Family in Plants, Including Single-Domain Protein Disulfide Isomerase-Related Proteins Plant Physiol. 2005, 137: 762-778.

③ Xiong, L., Lee, H., Huang, R., et al., A single amino acid substitution in the Arabidopsis FIERY1/HOS2 protein confers cold signaling specificity and lithium tolerance. Plant J. 2004, 40: 536-545.

本研究还发现了一个双链 RNA 结合蛋白被低温胁迫诱导，其在拟南芥中的同源蛋白为 CTD phosphatase-like 蛋白。拟南芥的 CTD phosphatase-like 被证明是一个逆境胁迫条件下基因调控的重要负调节因子①。

6.2.5　盐芥低温响应蛋白 mRNA 水平和蛋白表达水平的对比分析

为了考察本研究确定的低温响应蛋白的 mRNA 水平上的表达情况，我们随机选取了 4 个低温响应蛋白，研究其低温胁迫 5 天后 mRNA 的变化（图 6-9）。蛋白上调点 11 和 20 的 mRNA 也被上调，但是蛋白上调点 10 和 18 的 mRNA 水平反而被下调。

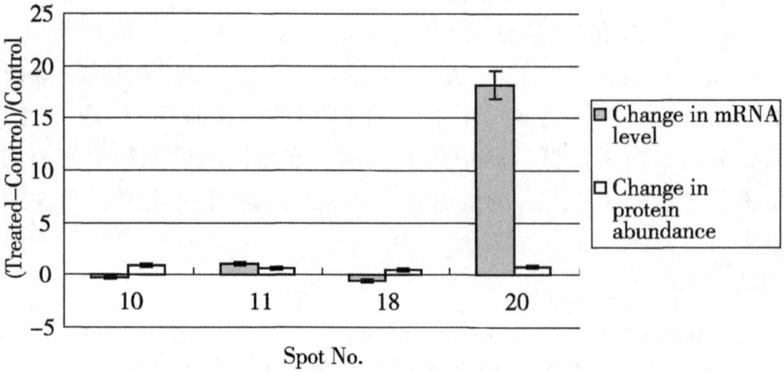

图 6-9　部分盐芥叶片低温胁迫差异表达蛋白 mRNA 水平和蛋白表达水平在低温胁迫 5 天后的比较

---

① Xiong, L., Lee, H., Ishitani, M., et al., Repression of stress-responsive genes by FIERY2, a novel transcriptional regulator in Arabidopsis. Proc. Natl. Acad. Sci. U S A. 2002, 99: 10899-10904.

本研究确定的部分低温响应蛋白曾被以前进行的一项 cDNA 基因芯片研究报道过。我们对照比较了这些蛋白在 mRNA 水平表达的变化情况。如表 6-7 所示，这些点的基因表达情况与其蛋白表达情况多数相同，但是点 22 和点 44 在 mRNA 水平未发现明显的变化。

总的来说，本研究的结果与以前进行的研究得到了相同的结论，那就是低温响应蛋白的蛋白表达水平与其基因表达水平并不完全一致。

表 6-7　盐芥叶片低温胁迫差异表达蛋白 mRNA 水平和蛋白表达水平的比较

点序号	蛋白名称和基因座位号	cDNA 芯片研究报道的 mRNA 的数量变化	蛋白丰度的变化
16	Plastocyanin，At1g20340	0. 25	0. 39
17	Plastocyanin - like domain - containing protein，At5g20230	0. 37	0. 56
41	SOUL heme-binding family protein，At1g17100	2. 65	2. 94
18 49	Glyceraldehyde 3 - phosphate dehydrogenase，At1g13440	2. 28	1. 54 New
12	Reversibly glycosylated polypeptide - 3，At5g15650	4. 81	3. 14
20	Cys protease inhibitor，At3g12490	2. 85	4. 59
22	Dehydrin，At1g76180	无显著变化*	10. 26
40	Carbonic anhydrase 1，chloroplast，At3g01500	无显著变化**	0. 58

*在低温胁迫下没有显著的变化，但是在干旱胁迫下上调 2. 48 倍。

**在低温胁迫下没有显著的变化，但是在干旱胁迫下下调到原来的 0. 33 倍。

6.2.6 盐芥叶片总蛋白响应干旱胁迫的双向电泳分析和质谱鉴定

为了研究干旱胁迫对盐芥叶片蛋白质组的影响，对4—5周龄盐芥进行了干旱处理。然后使用TCA/丙酮法进行叶片总蛋白的提取，取1000μg叶片总蛋白进行双向电泳，然后用考马斯亮蓝染色。选取对照组和处理组各3个生物学重复，一共6张双向胶，用Umax1120扫描仪，Labscan软件以400dpi，256级灰度模式分辨率采集图像。

然后用软件ImageMaster 2-D Elite分析这些双向胶图像，蛋白点检出参数设置为：Smooth为2，Min areas为90，Saliency为1。然后对检出的点进行手工编辑。对照组和处理组分别共检出1897±94和1949±103个蛋白点。进一步软件分析确定了双向胶上发生了1.5倍以上并具有统计学显著差异的丰度（以单个点密度占一块双向胶全部点的点密度之和来表示）变化（与对照相比）的蛋白点。代表性的双向胶如图6-11所示。几个放大的区域如图6-10所示。

软件分析表明，干旱处理后，出现63个差异表达蛋白，其中，丰度上调的有31个，新出现的蛋白点有14个，下调的为15个，消失的点有3个。

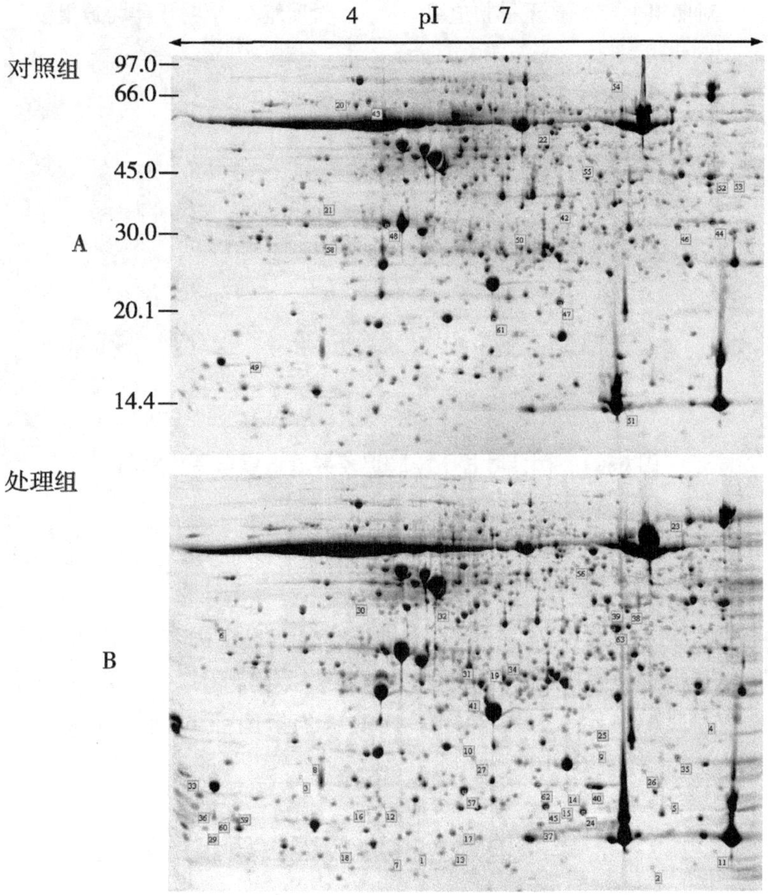

图 6-10　盐芥叶片蛋白质组响应干旱胁迫的变化情况

图 A 为对照组叶片总蛋白的 2-DE 图，图 B 为干旱胁迫组叶片总蛋白的 2-DE 图。图 A 中标记的点为胁迫后下调或消失的蛋白点，图 B 标记的点为胁迫后上调或新出现的蛋白点。图中分子量单位为 kDa。

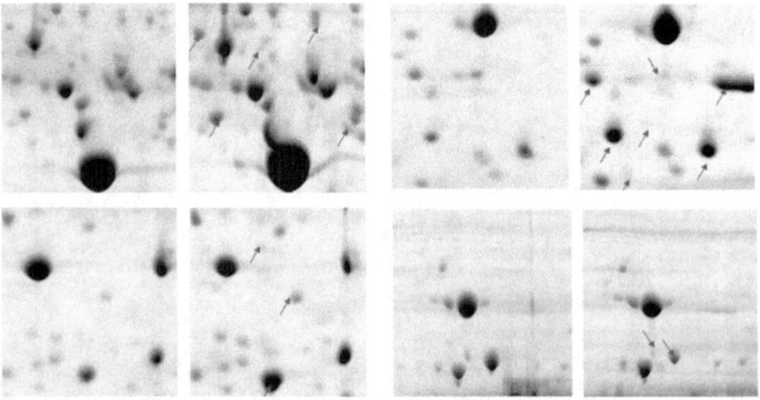

图 6-11 部分叶片干旱胁迫差异表达蛋白点放大图

图中↗表示该蛋白点在干旱胁迫后丰度上升；↘表示该蛋白点在干旱胁迫后丰度下降。

作为初步研究，在胶上任意选取了 15 个差异表达蛋白点，切下进行胶内酶解，然后进行 MALDI-TOF/TOF、q-TOF 或 LC MS/MS 质谱鉴定。最后确定了其中 9 个蛋白点的身份（见表 6-8、表 6-9 和表 6-10）。

6.2.7 干旱胁迫对盐芥叶片蛋白质组的影响

本研究鉴定到的干旱响应蛋白中有些被以前的研究证明与植物抗逆有关，这些蛋白包括：thioredoxin，Ferritin - 1，delta subunit of ATP synthase，Lectin Ribulose bisphosphate carboxylase（Rubisco）small chain，RuBisCO large subunit。

本研究鉴定了一个 RuBisCO large subunit 蛋白点（见图 6-10 中点 26），其实验分子量（21kDa）与理论分子量（54kDa）。这种情况在以前关于干旱胁迫对水稻叶片蛋白质组的影响的研究中也有报道。一般认为这种情况是由于蛋白降解造成的，也就是说，21kDa 的 RuBisCO large subunit 蛋白点是完整 RuBisCO large subunit 的降解片断。

根据其推定的生理功能，这 9 个质谱鉴定的干旱响应蛋白被分为三类。第一类蛋白与光合作用有关，包括：RuBisCO large subunit，RuBisCO small subunit，Oxygen-evolving enhancer protein 1 和 Putative ribonucleoprotein At2g37220。第二类与能量代谢有关，包括 Putative delta subunit of ATP synthase 和 Cytochrome b 6-f complex iron-sulfur subunit，chloroplast precursor（Rieske iron-sulfur protein）。第三类与自由基清除和植物防御有关，包括：thioredoxin，ferritin-1 和 lectin。这些干旱胁迫差异表达蛋白与盐芥胁迫耐受的关系还有待进一步研究。

表 6-8　通过 MALDI-TOF 分析鉴定的干旱胁迫差异表达蛋白

点序号	同源蛋白	理论和实验分子量（kDa）	理论和实验等电点	Mascot 分值	匹配肽段数	匹配肽段覆盖率	NCBI 编号	物种
35	lectin	27/22	5.2/6.5	71	5	33%	gi丨126147	*Onobrychis viciifolia*
51	RuBisCO small subunit，chloroplast precursor	21/14	8.2/6.3	65	12	34%	gi丨132154	*Raphanus sativus*
61	putative delta subunit of ATP synthase	15/23	9.2/5.5	78	16	54%	gi丨1480014	*Brassica rapa*

表 6-9 通过 q-TOF MS/MS 分析鉴定的干旱胁迫差异表达蛋白

序号	同源蛋白	理论和实验分子量(kDa)	理论和实验等电点	分值	匹配肽段	NCBI编号	物种
26	Ribulose bisphosphate carboxylase large chain precursor (RuBisCO large subunit)	54/21	6.2/6.5	1098	DLAVEGNEIIR, ESTLGFVDLLR	O03042	*Arabidopsis thaliana*
31	Oxygen-evolving enhancer protein 1, chloroplast precursor (OEE1)	35/30	5.3/5.4	968	DGIDYAAVTVQLPGGER, GGSTGYDNAVALPAR	P27665	*Triticum aestivum*
41	Ferritin-1, chloroplast precursor (AtFer1)	28/26	5.1/5.3	1308	LHPIVSPISEFEHAEK, ISDFITQLR	QW39101	*Arabidopsis thaliana*
58	putative ribonucleoprotein At2g37220, chloroplast precursor	31/30	4.9/4.8	1565	VSEAEARPPR, EQSFSADLK	Q9ZUU4	*Arabidopsis thaliana*
62	Cytochrome b6-f complex iron-sulfur subunit, chloroplast precursor (Rieske iron-sulfur protein)	25/18	8.6/5.8	1565	GPAPLSLALAHANVE, GDPTYLVVENDK	Q9ZR03	*Arabidopsis thaliana*

表 6-10 通过 LC MS/MS 分析鉴定的干旱胁迫差异表达蛋白

点序号	同源蛋白	理论和实验分子量(kDa)	理论和实验等电点	Mascot分值	匹配肽段	NCBI编号	物种
1	thioredoxin	14/13	5.1/5.1	88	VDVDELQS-VAK	gi丨992960	*Arabidopsis thaliana*

6.2.8 盐芥叶片应答干旱胁迫的代谢调整分析

目前已有很多采用比较蛋白质组学技术鉴定植物干旱响应蛋白，研究植物耐旱机制的报道。这些研究揭示了植物在干旱胁迫下，可以通过基因表达调控上调或下调某些蛋白的表达从而做出代谢调整，如增加渗透质的合成，增强自由基清除能力，调整光合作用等，以建立干旱逆境下新的稳态。但是这些研究大多以水稻等耐旱性不强的植物为研究对象，对耐旱植物的研究相对较少。本研究分析了盐芥叶片蛋白质组对于干旱逆境的响应情况，将有助于加深对盐芥耐逆性分子机制的认识。

目前有多种对植物进行干旱胁迫的方法，如停止浇水，将植物根系挖出置于弱光下进行脱水处理，或者采用 PEG-6000、甘露醇等物质浇灌植物根部。在以上所列方法中，第一种最接近植物在天然条件下可能遭遇到的干旱逆境。本研究采用了该种干旱处理方法。

本研究鉴定到的部分干旱响应蛋白在本实验室以前的研究中被鉴定为盐芥低温响应蛋白。这些蛋白包括：硫氧还蛋白、铁蛋白-1、推定的 ATP 合酶 δ 亚基、凝集素、RuBisCo 小亚基，以及 RuBisCo 大亚基。这说明盐芥在应对不同环境胁迫时使用了某些相同的代谢调整策略，如增强自由基清除系统；另一方面，很多本研究鉴定的干旱响应蛋白在以前的研究中并没有被鉴定为低温或高盐响应蛋白。这说明盐芥在应对干旱胁迫时，可能也采用了一些特异性的代谢调整策略。

本研究发现的一个干旱胁迫响应蛋白点被鉴定为 RuBisCo 大亚基同源蛋白，但是其实验分子量（约 21kDa）与理论分子量（54kDa）相差较大，这种情况在以前有关干旱胁迫对水稻叶片蛋白质组的影响中也有过报道。一般认为这种情况是由于蛋白降解造成的，也就是说 21kDa 的 RuBisCo 大亚基蛋白点是完整 RuBisCo 大亚基的蛋白降解片段。

干旱胁迫会对植物的光合作用造成严重的不良影响，本研究的结果也支持这一理论。在本研究中鉴定的 9 个干旱胁迫响应蛋白中有 6 个都分布在叶绿体中，具体包括 RuBisCo 大亚基、RuBisCo 小亚基、放氧增强蛋白-1、铁蛋白-1、细胞色素 b6-f 复合物铁硫亚单位和推定的核糖核蛋白 At2g37220。研究表明，这 6 个叶绿体蛋白的表达量都发生了变化，说明干旱胁迫对盐芥叶片的光合作用产生了显著的影响。本研究发现 RuBisCo 大亚基发生了降解，同时 RuBisCo 小亚基的一个蛋白点数量减少，与该 RuBisCo 小亚基蛋白点平行分布并具有相同或相似的分子量的其他蛋白点可能也是 RuBisCo 小亚基（见前文的 Western blot 结果）。这些 RuBisCo 小亚基蛋白点之间的差异在于蛋白质翻译后修饰的不同。本研究的结果意味着干旱胁迫对 RuBisCo 小亚基也有一定的影响，即干旱胁迫会造成 RuBisCo 小亚基翻译后修饰异构体相对数量的变化。放氧增强蛋白-1 在光合作用中起重要作用，其表达量的增加可能有助于干旱胁迫下受损的叶绿体维持一定的光合效率。

干旱胁迫等非生物逆境会严重干扰植物的光合电子传递链，造成叶绿体和细胞质内的自由基含量过高，这就需要植物增强自由基清除系统的功能来消除过多的自由基。本研究发现在干旱胁迫下，盐芥叶片中的两个自由基清除蛋白硫氧还蛋白和铁蛋白-1 表达明显升高，说明这些蛋白是盐芥的高效自由基清除系统的组成部分。叶片光合作用是叶片能量代谢体系的龙头，干旱胁迫下光合作用受损，其他相关能量代谢途径也会受到影响。本研究观察到推定的 ATP 合酶 δ 亚基的丰度减小和细胞色素 b6-f 复合物铁硫亚单位的丰度增加可能反映了植物叶片在干旱逆境下对能量代谢途径的调整。

总的来说，从本研究的结果来看，具有一定程度耐旱性的盐芥在干旱应答中表现出了和其他植物类似的反应，如自由基清除能力的增强、能量代谢的调整以及光合作用的维持等。这也验证了以上代谢调整策略在植物逆境耐受中的重要作用。本工作只是一个初步研究，要进一步解析盐芥应答干旱胁迫的分子生物学适应机制，还需要通过质谱分析鉴定出更多的干旱胁迫响应蛋白，并通过转基因等手段鉴定这些蛋白在植物逆境耐受中发挥的功能。

附　录

附录 1　缩略语

缩写	英文全名	中文全名
ADF	Actin Depolymerizing Factor	微丝解聚因子
ARF	ADP-Ribosylation Factor	ADP 核糖基化因子
AFLP	Amplified Fragment Length Polymorphism	扩增片段长度多型性
APX	Ascorbate Peroxidase	抗坏血酸过氧化物酶
Cu/Zn SOD	Cu-Zn Superoxide Dismutase	Cu-Zn 超氧化物歧化酶
DIGE	Difference Gel Electrophoresis	荧光差异蛋白表达分析系统
DTT	Dithiothreitol	二硫苏糖醇
EDTA	Ethylene Diamine Tetraacetic Acid	乙二胺四乙酸
EF-G	Elongation Factor G	延伸因子 G
eIF	Eukaryotic Translation Initiation Factor	真核生物翻译起始因子
ESI-MS/MS	Electrospray Tandem Mass Spectrometry	电喷雾串联质谱

续表

缩写	英文全名	中文全名
EST	Expressed Sequence Tags	表达序列标签（EST）
FeSOD	Fe superoxide dismutase	Fe 超氧化物歧化酶
GPX	Glutathione Peroxidase	谷胱甘肽过氧化物酶
GST	glutathione S-transferase	谷胱甘肽硫转移酶
GRP	Glycine-rich RNA-binding protein	甘氨酸丰富的 RNA 结合蛋白
GSH	Glutathione	谷胱甘肽
HSP	Heat Shock Protein	热激蛋白
HK1	Histidine Kinase 1	组氨酸蛋白激酶 1
IEF	Isoelectric Focusing	等电聚焦
LC MS/MS	Liquid Chromatography-tandem Mass Spectrometry	液相色谱质谱联用
MALDI-TOFMS	Matrix Assisted Laser Desorption/ionization time-of-flight Mass Spectrometry	基质辅助激光解析时间飞行质谱仪
MS	Mass Spectrometry	质谱
MPSS	Massively Parallel Signature Sequencing	大规模平行信号测序
mRNA	messager RNA	信使 RNA
MAPK	Mitogen-activated protein kinase	促细胞分裂原活化蛋白激酶
NCBI	National Center for Biotechnology Information	美国国立生物技术信息中心
NDPK	Nucleoside Diphosphate Kinase	二磷酸核苷激酶
POD	Peroxidase	过氧化物酶

续表

缩写	英文全名	中文全名
PAB1	20S proteasome alpha subunit B1	20S 蛋白酶体 α 亚基 B1
PP2C	Protein Phosphatases 2C	蛋白磷酸酶 2C
PLD	Phospholipase D	磷脂酶 D
PCR	Polymerase chain reaction	聚合酶链式反应
ROS	Reactive Oxygen Species	活性氧
REL	Relative Electrolyte Leakage	相对电解质渗漏
RT-PCR	Reverse transcription PCR	反转录 PCR
RGP	Reversibly Glycosylated Polypeptides	可逆糖基化肽
RuBisCO	Ribulose Bisphosphate Carboxylase Oxygenase	核酮糖-1，5-二磷酸羧化酶
SSH	Suppression Subtractive Hybridization	抑制性消减杂交
SOD	Superoxide Dismutase	超氧化物歧化酶
SAGE	Serial Analysis of Gene Expression	基因表达连续分析
SDS	Sodium dodecyl sulfate	十二烷基磺酸钠
SDS-PAGE	Sodium Dodecyl Sulfate Polyacrylamide Gel Electrophoresis	聚丙烯酰氨凝胶电泳
SBPase	Sedoheptulose-1，7-Bisphosphatase	景天庚酮糖-1，7-二磷酸酶
SAM	S-adenosyl methionine	腺苷蛋氨酸
TCA	Trichloroacetic Acid	三氯乙酸

续表

缩写	英文全名	中文全名
Taq	Thermus aquaticus DNA polymerase	耐热 DNA 聚合酶
Tris	Trihydroxymethyl amino methane	三羟甲基氨基甲烷
X-Gal	5-Bromo-4-Chloro-3-Indolyl-b-D-Galactoside	5-溴-4-氯-3-吲哚-β-D 半乳糖苷
TPX	Thioredoxin Dependent Peroxidase	硫氧还蛋白依赖的过氧化物酶

附录 2　与本书工作相关的论文和会议报告

1. 高飞、王彦平、周宜君、张根发：《植物应答非生物胁迫的蛋白质组学研究进展》，载《中国农业科技导报》2008 年第 6 期，第 9-15 页。

2. 王荣、韩旭思、高飞、周宜君、姜双林：《盐芥叶片响应干旱胁迫的蛋白质组学分析》，载《西北植物学报》2012 年第 3 期，第 465-470 页。

3. 高飞、杨欣壮、刘冉、周宜君、张桂芳、张根发：《盐芥根蛋白双向电泳体系的建立》，载《北京师范大学学报》（自然科学版）2011 年第 3 期，281-284 页。

4. Gao Fei, Zhou Yijun, Huang Lingyun, He Dacheng, Zhang Genfa. Proteomic analysis of long-term salinity stress-responsive proteins in Thellungiella halophila leaves. Chinese Science Bulletin, 2008, 53 (22): 3530-3537.

5. Zhou Yijun, Gao Fei, Li Xiaofeng, Zhang Jun, Zhang Genfa. Alterations in phosphoproteome under salt stress in Thellungiella roots, Chinese Science Bulletin, 2010, 55 (32): 3673-3679.

6. Gao Fei, Su Qi, Fan Yunliu, Wang Lei * . Expression pattern and core region analysis of AtMPK3 promoter in response to environmental stresses, SCIENCE CHINA Life Sciences, 2010, 53 (11): 1315-1321.

7. Gao Fei, Zhou Yijun, Zhu Weiping, Li Xiaofeng, Fan Liumin, Zhang Genfa. Proteomic analysis of cold stress-responsive proteins in Thellungiella rosette leaves. Planta, 2009, 230 (5): 1033-1046.